彩图 1　秦川牛（育肥阉公牛）

彩图 2　晋南牛（育肥阉公牛）

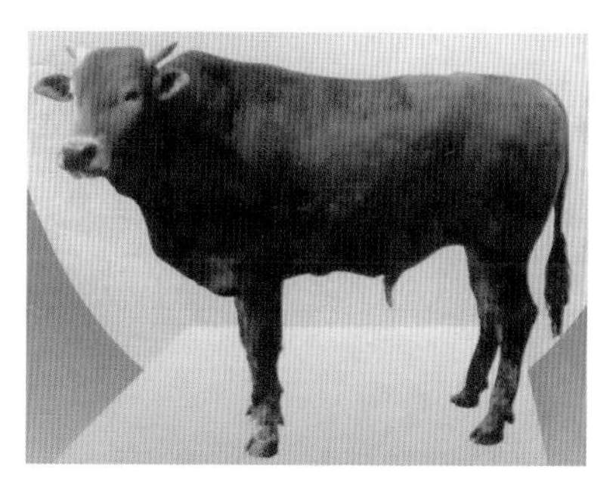

彩图 3　鲁西牛（育肥阉公牛）

彩图 4　南阳牛（育肥阉公牛）

彩图 5　延边牛（种公牛）

彩图 6　渤海黑牛（育肥阉公牛）

彩图 7　郏县红牛（种公牛）

彩图 8　复州牛（母牛）

彩图 9　夏南牛（种公牛）

彩图 10　夏南牛（母牛）

彩图 11　卸车

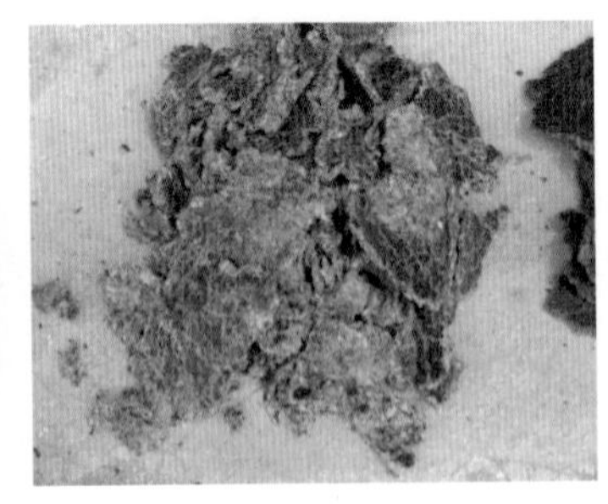

彩图 12　小片含绒饼（质量较好）

彩图 13　大片脱绒饼（质量较好）

彩图 14　自走式青贮收割机

彩图 15　在青贮窖边粉碎

彩图 16　黑褐色（变质）黄贮玉米秸

彩图 17　围栏育肥牛群

彩图 18　拴系育肥牛群

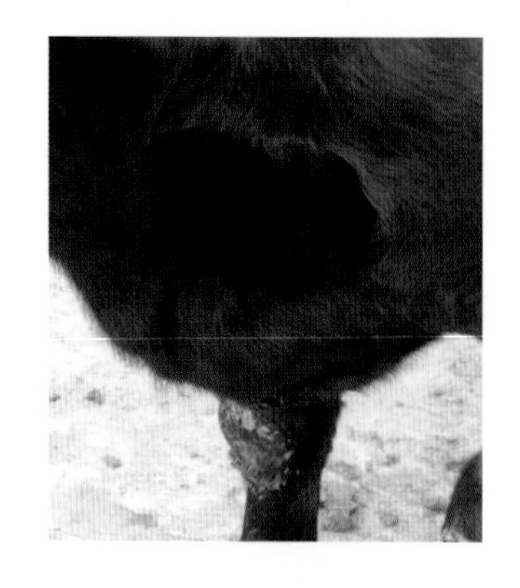

彩图 19　未育肥的牛前胸

彩图 20　较好育肥的牛前胸

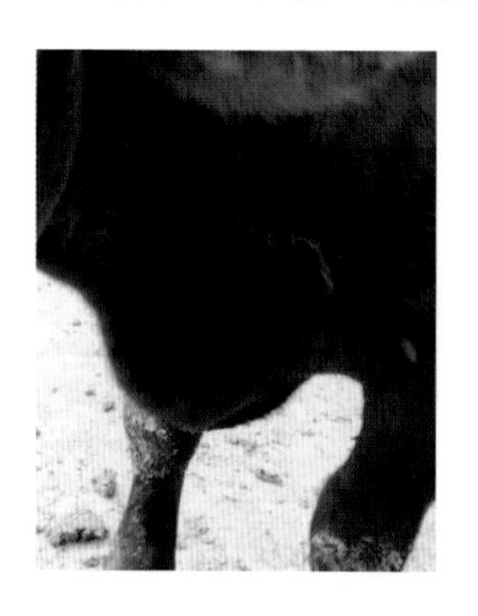

彩图 21　充分育肥的牛前胸

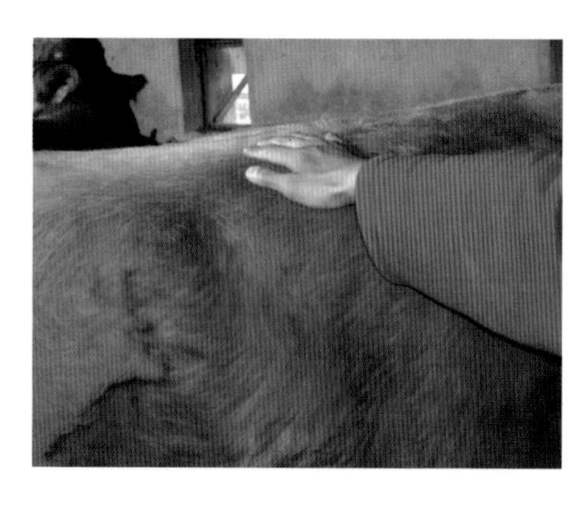

彩图 22　手压充分育肥牛的背部时有厚实感

彩图 23　手握充分育肥牛的肷部时有厚实感

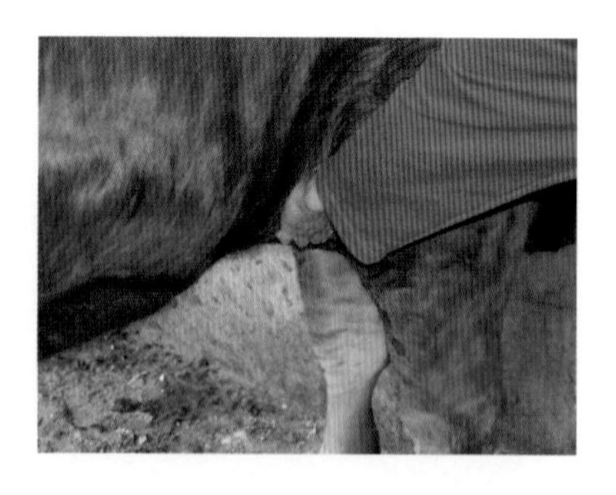

彩图 24　手握充分育肥牛的肘部时大拇指和食指不易将牛皮捻住

肉牛快速育肥一本通

蒋洪茂　编著

本书根据当前我国肉牛饲养水平、牛肉市场需要，详细介绍了利用肉牛快速育肥的先进技术，实现我国养牛业“增加牛肉产量”“改善牛肉品质”“增加牛肉产量的同时改善牛肉品质”三个育肥目标的方法。本书主要内容包括育肥牛场建设，育肥牛的选择，架子牛的买卖、运输，育肥牛饲料，育肥牛的饲料配方设计及日粮配制，肉牛育肥技术，育肥牛的出栏、防疫保健、安全生产和环境保护等。

本书既可用作养牛生产者的技术参考资料，也可供从事肉牛生产技术指导及科研或教学的相关人员参考。

图书在版编目（CIP）数据

肉牛快速育肥一本通/蒋洪茂编著．—北京：机械工业出版社，2020.1（2021.4重印）
（经典实用技术丛书）
ISBN 978-7-111-64081-3

Ⅰ.①肉… Ⅱ.①蒋… Ⅲ.①肉牛－快速肥育 Ⅳ.①S823.96

中国版本图书馆 CIP 数据核字（2019）第 247989 号

机械工业出版社（北京市百万庄大街 22 号 邮政编码 100037）
策划编辑：周晓伟 责任编辑：周晓伟 陈 洁
责任校对：宋道兰 责任印制：孙 炜
保定市中画美凯印刷有限公司印刷
2021 年 4 月第 1 版第 2 次印刷
147mm×210mm · 6.875 印张 · 2 插页 · 226 千字
3001—4900 册
标准书号：ISBN 978-7-111-64081-3
定价：29.80 元

电话服务
客服电话：010-88361066
010-88379833
010-68326294

网络服务
机 工 官 网：www.cmpbook.com
机 工 官 博：weibo.com/cmp1952
金 书 网：www.golden-book.com
机工教育服务网：www.cmpedu.com

Preface 前言

牛肉在肉类中以蛋白质含量高（富含人体必需的多种氨基酸）、脂肪含量低、味道鲜美等特点备受消费者青睐。

肉牛快速育肥技术是在遵循和发挥肉牛自身生长规律的前提下，使肉牛增重速度快、省饲料、效益高的饲养技术。它不同于以增加体重为主要目的的肉牛短期育肥技术和以增加体重兼改善并提高牛肉品质为主要目的的强度育肥技术。肉牛快速育肥技术发展日新月异，为满足育肥牛增重快、质量高、成本低、安全生产的要求，快速育肥的饲养模式、方法、技术不断更新，集约化饲养（养牛大户）和经营理念（育肥饲养、屠宰加工、牛肉销售一体化）也有了较大进步。当前，“增加牛肉产量”“改善牛肉品质”“增加牛肉产量的同时改善牛肉品质”三种育肥模式已经初步形成，这将对我国肉牛生产产生积极的影响。本书主要介绍了利用肉牛自身已经具备的快速育肥优势，为肉牛快速育肥营造和构建必要的饲养环境条件，抑制和减少不利于肉牛快速育肥因素，最终达到提高育肥的数量和质量、降低饲养成本、提升饲养效益、获得上乘牛肉品质的目的。

需要特别说明的是，本书所用药物及其使用剂量仅供读者参考，不可照搬。在生产实际中，所用药物学名、常用名与实际商品名称有差异，药物浓度也有所不同，建议读者在使用每一种药物之前，参阅厂家提供的产品说明以确认药物用量、用药方法、用药时间及禁忌等。购买兽药时，执业兽医有责任根据经验和对患病动物的了解决定用药量及选择最佳治疗方案。

在本书编写过程中，参阅了相关资料，在此谨向这些资料的作者和译者致谢。

由于知识水平和实践经验有限，书中难免存在不妥和错误之处，恳请读者批评指正。

蒋洪茂

目录 Contents

第七章　肉牛育肥技术 …………………………………… 113

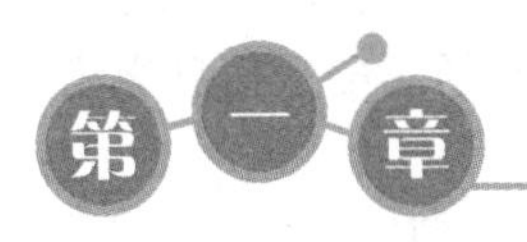

第一章 育肥牛场建设

第一节 育肥牛场场址选择

一、场址选择的原则

1）育肥牛场场址的选择必须符合国家畜牧主管部门制定的养殖场规范布局总体要求；符合当地土地利用发展规划和村镇建设发展规划要求。

2）牛场要地势开阔、较高（育肥牛喜好干燥的环境条件）、向阳、通风、排水良好，如果地势稍微低一些，可在建设牛舍时把地基填土增高。场地坡度不宜大于25度；地形整齐、宽阔、有足够的面积、避免雷击区，一般育肥牛场的场区占地总面积按每头存栏牛30～35米^{2}计算，不同规模的育肥牛场占地总面积的调整系数为10%～20%。

3）场地土壤质量符合相关标准的规定。

4）确保卫生防疫无污染的安全距离。场界距离居民区和其他畜牧场应大于500米，距离交通主干道不少于500米。周围1500米以内无化工厂、畜产品加工厂、屠宰厂、兽医院等容易产生污染的企业和单位。

5）气象条件适宜。要了解当地常年主风向，以便设计生产区、生活区、污染区。了解近10年的各月平均气温，最高、最低极端气温，以便考虑牛舍的高度、通风条件、朝向等。对当地的降水量（全年各月分布）进行考察，以便设计排水。

6）交通方便。牛场运输量较大，运输到牛场的有各种饲料、架子牛，运出牛场的有育肥牛及粪、尿等废弃物。只有交通方便，才能保证牛场生产的顺利进行和持续发展。育肥牛舍距离主要交通主干线的安全距离至少有1000米。

7）离水源近。最好在牛场内或离牛场近10米的地点取深层（100米以下）水。每头牛每天的用水量（每头牛每天的饮水量为30升，加

上饲料搅拌用水、饲管人员生活用水、冲洗牛饲槽和水槽用水等）按50升设计。

8）牛场用电要有保障。牛场的电力负荷为二级。当地不能保证二级供电要求时，应设置自备发电机组。大中型育肥场应配置信息交流、通信联络设备。

9）牛场要求保持干燥，遇降水时排水要迅捷、彻底，牛场内不能有积水；污水排放条件良好。牛场内不能积存污水。

二、育肥牛场的规划

（1）竖向规划 要结合场区的自然地形，布置采用平坡式与台阶式相结合。排水坡度在1%～1.5%，各建筑物、构筑物向其周围最近的道路路面倾斜。场地雨水排水方式采用暗沟与暗管相结合，最后排放到场外排水沟渠。

（2）横向规划 牛舍间横向的间隔距离为10～15米。视牛场面积和养牛数量横向规划牛舍。

（3）道路设计 场区道路要满足场内外交通运输和消防要求，要与通道、管线相协调，与场内建筑物平行，呈直交或环状布局。道路宽度为4～6米，道路路面为水泥面。

（4）绿化 绿化可以美化环境、遮阴防风、固沙保土、调节小气候、防止污染、保护环境，绿化带的宽度以20～30米为好。绿化方式有植树造林（选择高、中、矮3层）、种花和种草。

三、功能区布局

1）生产区包括牛舍、青贮饲料窖、粗饲料堆放地及加工处、精饲料堆放地及加工处、工具间。

2）生活区包括职工宿舍、职工食堂、职工医疗卫生点、停车场、娱乐场所、浴室。

3）办公区包括办公大楼、银行储蓄所、邮政点、工商税务部、维修部。

4）配电室。

5）绿化带占总建筑面积的30%左右。

6）病牛隔离区应距离健康牛舍100米以上。

7）污染道为粪尿运输道。

8）清洁道为饲料运输道。

9）牛粪堆放点应距离健康牛舍100米以上。

10）牛场消防应采取经济合理、安全可靠的消防设施，符合《农村防火规范》（GB 50039—2010）的规定；消防通道可利用场内道路，并与场外公路相通；采用生产、生活、消防合一的给水系统。

11）实验室应配备生产所需要的兽医化验、营养分析、环境检测等工作的仪器设备。

12）设有保定架和装（卸）牛台。在没有颈枷设施的肉牛养殖场，必须配备保定架。装（卸）牛台既可以为固定的永久性设施，也可以为用钢管和木材等制作的可移动设施。

四、卫生防疫设计

1）牛场四周建有围墙或防疫沟，并配有绿化隔离带设施，牛场大门入口处设有车辆强制消毒设施。大门口消毒池长≥4米、宽≥3米、深≥0.2米，消毒池应设有遮雨棚。

2）生产区与生活区间应严格设有隔离设施，在生产区入口处设人员消毒更衣室，在牛舍入口处设地面消毒池。

3）粪污处理区与病死牛处理区按夏季主导风向设于生产区的下风向处。

4）病死牛只处理应符合国家有关规定。

5）牛舍内空气质量应符合《畜禽场环境质量标准》（NY/T 388—1999）的规定。

五、环境保护

1）新建育肥牛场必须进行环境评估，确保育肥牛场不污染周围环境，且不受外界环境污染。

2）新建育肥牛场必须同步建设相应的粪便和污水处理设施。固体粪污以高温堆肥处理为主，处理后符合《粪便无害化卫生要求》（GB 7959—2012）的规定方可运出场外。污水经处理后符合《污水综合排放标准》（GB 8978—1996）的规定方可排放。

3）场区绿化应结合场区各功能区之间的隔离、防疫、遮阴及防风需要进行。可根据当地实际情况种植能美化环境、净化空气的树种和花草，不宜种植有毒、有刺、有飞絮的植物。

4）育肥牛场周围最好有足够的土地面积消纳牛粪和污水，1头存栏牛需要的土地面积为10~15亩（1亩≈666.7米^2）。

第二节 育肥牛舍建设

一、育肥牛舍类型

1. 单列式牛舍

（1）单列式半封闭牛舍

1）单列式半封闭围栏牛舍。通道在南，适合气温偏高地区；通道在北，适合气温偏低地区。单列式半封闭围栏牛舍应根据地形确定其长度和宽度。牛舍内每个围栏的面积以40～60米^{2}较好，养牛8～10头。

单列式半封闭围栏牛舍的结构如图1-1和图1-2所示。

图1-1 使用中的单列式半封闭围栏牛舍

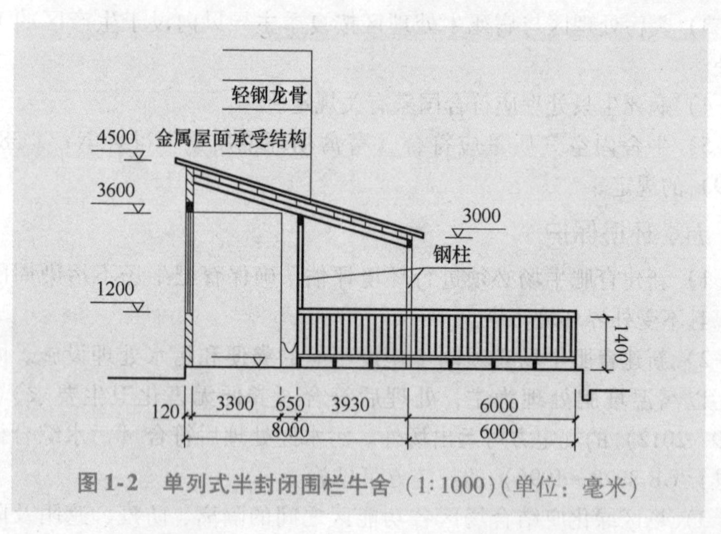

图1-2 单列式半封闭围栏牛舍（1∶1000）（单位：毫米）

2）单列式半封闭拴系牛舍。通道在南，适合气温偏高地区；通道在北，适合气温偏低地区。

（2）单列式全封闭牛舍

1）单列式全封闭围栏牛舍分为通道在南和通道在北2种。

2）单列式全封闭拴系牛舍分为通道在南和通道在北 2 种。

（3）单列式牛舍的朝向　朝向均为坐北向南。

（4）单列式牛舍的高度　单列式牛舍由于形式不同，高度也不一样。

1）一面坡单列式牛舍。①北高南低一面坡单列式牛舍：适合中部地区。前沿（南）的高度为 2.6～2.8 米，后沿（北）的高度为 3.6～3.8 米。②南高北低一面坡单列式牛舍：适合北方寒冷地区。前沿（南）的高度为 2.6～2.8 米，后沿（北）的高度为 2.2～2.4 米。

2）两面坡单列式牛舍。①北高南低，前沿（南）的高度为 2.6～2.8 米，后沿（北）的高度为 3.2～3.4 米。②南高北低，前沿（南）的高度为 2.6～2.8 米，后沿（北）的高度为 2.2～2.4 米。③南北高度相同，前沿（南）的高度为 2.6～2.8 米，后沿（北）的高度为 2.6～2.8 米，脊高 4～4.2 米。

（5）单列式牛舍的跨度　非机械作业跨度为 11.2 米（棚舍跨度为 4.2 米）；机械作业跨度为 13～13.2 米（棚舍跨度为 8～8.2 米）。

（6）单列式牛舍的通道宽度　非机械作业宽度为 1.2 米；机械作业宽度为 3～3.2 米。

（7）单列式牛舍的墙体　根据当地建材条件选择。北墙设窗户。

2. 双列式牛舍

（1）双列式半封闭牛舍

1）双列式半封闭围栏牛舍分为通道在南、北，以及通道在中间 2 种。双列式半封闭围栏牛舍如图 1-3 和图 1-4 所示。

图 1-3　使用中的双列式半封闭围栏牛舍

2）双列式半封闭拴系牛舍分为通道在南、北，以及通道在中间 2 种。

（2）双列式全封闭牛舍

1）双列式全封闭围栏牛舍分为通道在南、北，以及通道在中间 2 种。

2）双列式全封闭拴系牛舍分为通道在南、北，以及通道在中间 2 种。

（3）双列式牛舍的高度　双列式牛舍前沿和后沿的高度是一样的，均为 3.2～3.4 米。双列式牛舍脊高 4.6～4.8 米。

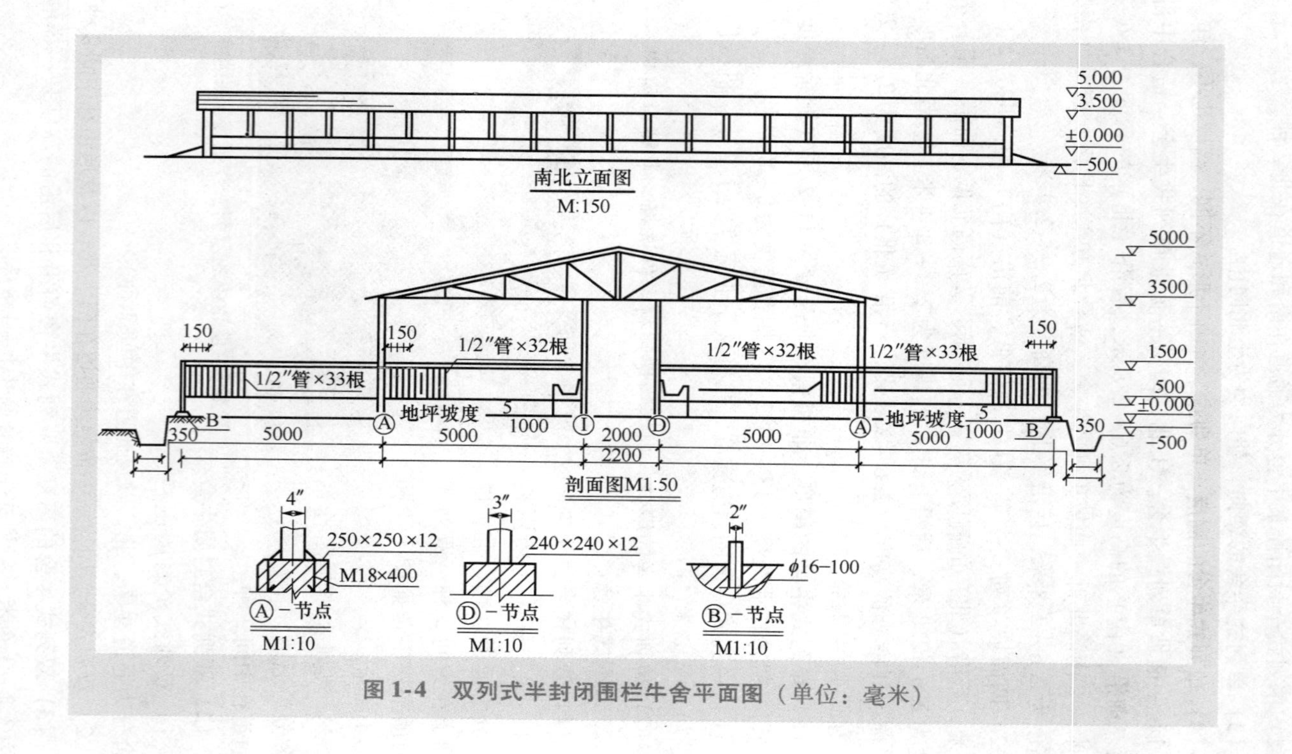

图 1-4　双列式半封闭围栏牛舍平面图（单位：毫米）

（4）双列式牛舍的跨度　非机械作业跨度为22~23米（棚舍跨度为12米）；机械作业跨度为24~24.2米（棚舍跨度为13~13.2米）。

（5）双列式牛舍的通道宽度　非机械作业宽度为2米；机械作业宽度为3~3.2米。

3. 露天牛舍

全露天育肥牛舍建设投资少、易迁移，规模的大小随意性大。占地面积大是其缺点。在我国经度110~120度、纬度30~40度的地区可以试建。

（1）围栏的面积　全露天育肥牛场围栏面积可大可小，大的围栏面积可达3000米^2，小的为几百平方米。

（2）围栏养牛头数　按15米^{2}养牛1头计算。

（3）围栏排列（以东西排列为例）　从东向西设计8个（或4个、5个）围栏为第一围栏区，分别为1号栏、2号栏、3号栏、4号栏、5号栏、6号栏、7号栏和8号栏。

1号栏的东侧设置饲槽，因此1号栏东边为饲料车行走道。

1号栏的西边和2号栏的东边相邻，间隔为4米，为牛的通道和排水道。

1号栏从东向西倾斜（倾斜度为0.8~1度）。

2号栏从西向东倾斜（倾斜度为0.8~1度）。

2号栏的西侧设置饲槽，因此2号栏的西边为饲料车行走道。

3号栏的东侧设置饲槽，因此3号栏的东边为饲料车行走道。

3号栏的西边和4号栏的东边相邻，间隔为4米，为牛的通道和排水道。

3号栏从东向西倾斜（倾斜度为0.8~1度）。

4号栏从西向东倾斜（倾斜度为0.8~1度）。

4号栏的西侧设置饲槽，因此4号栏的西边为饲料车行走道。

5号栏的东侧设置饲槽，因此5号栏的东边为饲料车行走道。

5号栏的西边和6号栏的东边相邻，间隔为4米，为牛的通道和排水道。

5号栏从东向西倾斜（倾斜度为0.8~1度）。

6号栏从西向东倾斜（倾斜度为0.8~1度）。

6号栏的西侧设置饲槽，因此6号栏的西边为饲料车行走道。

7号栏的东侧设置饲槽，因此7号栏的东边为饲料车行走道。

7号栏的西边和8号栏的东边相邻，间隔为4米，为牛的通道和排水道。

7号栏从东向西倾斜（倾斜度为0.8~1度）。

8 号栏从西向东倾斜（倾斜度为 0.8 ~ 1 度）。

8 号栏的西侧设置饲槽，因此 8 号栏的西边为饲料车行走道。

如此设计，形成波浪式。南北向的倾斜度为 0.6 ~ 0.7 度。

如果养牛量较多，需要设计第二、第三甚至更多的围栏区。

在每个围栏内设饮水槽 1 个（长 2 ~ 3 米），饮水槽高 0.8 ~ 1 米，宽 1 米，中间用铁管隔开，每侧宽 0.5 米，自动供水。

在每个围栏内设解痒架，将拖拉机的大轮胎（废轮胎）外壳一分为二，高 1.2 ~ 1.3 米。牛可以自由摩擦解痒。

二、地面

1. 有顶棚牛舍的地面

（1）水泥地面 ①水泥地面的优点：传热、吸热速度快，地面平整，外形美观，易清洗，易清除粪便，便于消毒和防疫，排水性能好，使用寿命长。②水泥地面的缺点：热反射效应强，冬季保温性能差，地面坚硬，易损伤牛的关节，易被粪尿腐蚀。

（2）立砖地面 ①立砖地面的优点：传热、吸热速度慢，冬季保温性能较好，热反射效应较小，地面较水泥地面软，有利于保护牛的关节。②立砖地面的缺点：清洗、清除粪便、消毒、防疫和排水性能不如水泥地面，使用寿命短。

（3）三合土地面 ①三合土地面的优点：冬暖夏凉，地面软，有利于保护牛的关节，造价低。②三合土地面的缺点：不易清洗，不易清除粪便，不便于消毒和防疫，排水性能差，易形成土坑，使用寿命短。

（4）木板地面 ①木板地面的优点：冬暖夏凉，地面软，有利于保护牛的关节，牛舒适。②木板地面的缺点：造价高，使用寿命短。

（5）建排水沟 为了增加牛舍地面的干燥程度，在牛舍周边挖排水沟可以达到目的。排水沟深 1.5 米，宽 2 米。在牛舍周边挖排水沟还可以达到省围墙，防盗、防牛逃跑，有利于环境保护等目的。

（6）地面坡度 水泥地面、立砖地面和三合土地面，自牛饲槽至粪尿沟的坡度应为 1 ~ 1.5 度。

2. 无顶棚（露天）围栏牛舍的地面

无顶棚（露天）围栏最好选择有坡度（5 ~ 8 度）的草地或将地面夯实。

三、顶棚

育肥牛舍顶棚的材料较多，有水泥瓦、砖瓦、彩色板和瓦楞铁板，

各有优缺点。

（1）水泥瓦顶棚 ①水泥瓦顶棚的优点：使用寿命长，牛舍顶棚厚，冬暖夏凉。②水泥瓦顶棚的缺点：建筑材料较多，成本较高。

（2）砖瓦顶棚 ①砖瓦顶棚的优点：使用寿命长，牛舍顶棚厚，冬暖夏凉。②砖瓦顶棚的缺点：建筑材料较多，成本较高。

（3）彩色板顶棚 ①彩色板顶棚的优点：外形美观大方、有档次，施工便捷。②彩色板顶棚的缺点：造价高，易老化，使用寿命短；热辐射大，抗风力稍差。

（4）瓦楞铁板顶棚 ①瓦楞铁板顶棚的优点：不易老化，使用寿命长。外形美观大方、有档次，施工便捷。②瓦楞铁板顶棚的缺点：造价高，热辐射大，抗风力稍差。

四、饲槽

育肥牛舍饲槽的材料多种多样，各地可因地制宜选材用材。但是，制作时必须做到饲槽底不能有死角，应该为U形。育肥牛舍饲槽的剖面图如图1-5所示。

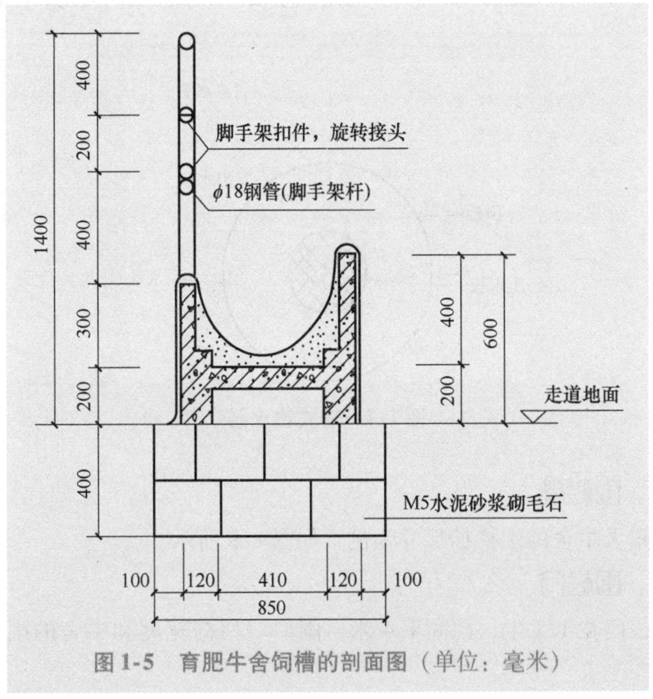

图1-5 育肥牛舍饲槽的剖面图（单位：毫米）

五、饮水槽（器）

1. 铁板饮水槽、水泥饮水槽

铁板饮水槽、水泥饮水槽（图1-6）的尺寸为：长600毫米、宽400毫米、高250毫米。铁板饮水槽、水泥饮水槽均有进水口和排水口。进水口设在饮水槽的上方或侧面，其高度应与饮水槽的水面一致。排水口设在饮水槽的底部，用活塞堵截。

图1-6　水泥饮水槽

2. 碗式饮水器

碗式饮水器由水盆、压水板、顶杆、出水控制阀、自来水管等组成（图1-7）。当牛鼻接触压水板时，通过顶杆打开出水控制阀，向水盆供水；当牛鼻脱离压水板，出水控制阀关闭，停止供水。

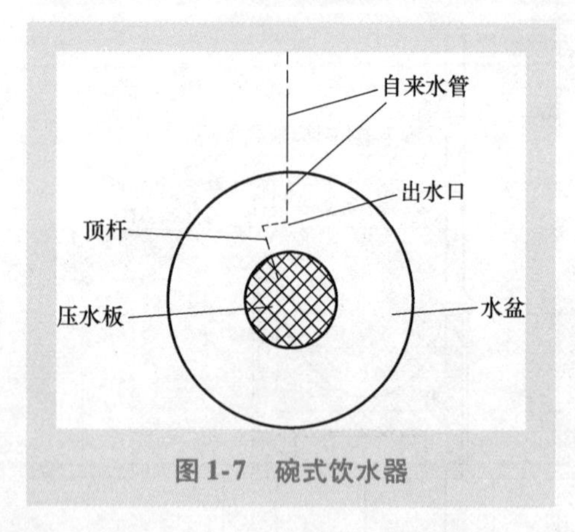

图1-7　碗式饮水器

六、围栏栅

以露天牛舍的围栏栅尺寸为例，如图1-8所示。

七、围栏门

围栏门宽1.2米，门高1.4米。围栏门栏栅宽度和牛舍的围栏栅宽度相同。

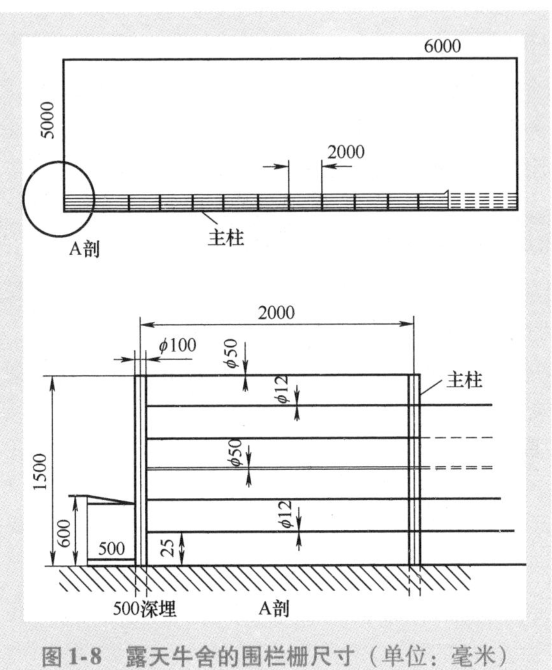

图 1-8　露天牛舍的围栏栅尺寸（单位：毫米）

八、拴牛点

育肥牛舍的拴牛点位置如图 1-9 所示。

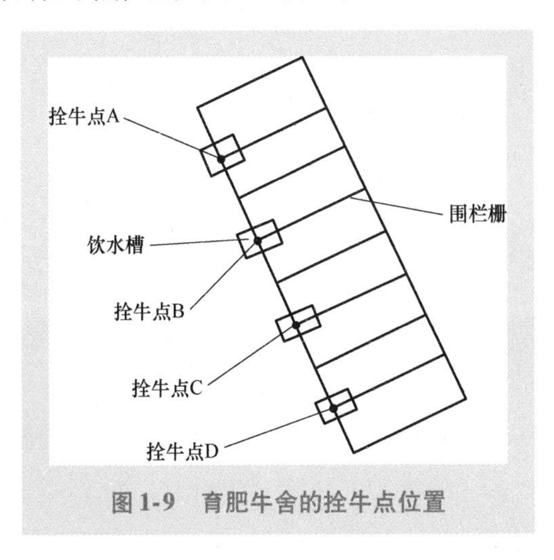

图 1-9　育肥牛舍的拴牛点位置

九、建筑结构及材料

育肥牛舍的建筑结构有钢筋水泥结构和砖（石）木（竹）结构2种。不论何种形式的牛舍，其建筑材料都应该因地制宜地选择，选材的原则是坚固耐用、价格便宜、取材方便。

第三节 育肥牛场的附属设备

（1）饲料贮存仓 精饲料贮存仓、粗饲料贮存仓、青贮饲料贮存仓（青贮窖、青贮壕、青贮塔、青贮池）、添加剂贮存仓。

（2）机器设备 运输车辆、青贮饲料收获设备、青贮饲料取料机粗饲料收获设备、粉碎设备、消毒设备。

（3）工具类 饲养工具如铁铲、饲料运输小车、扫帚和牛粪运输小车等。

第二章 育肥牛的选择

育肥牛的选择是在肉牛育肥目标确定后首先要考虑的。肉牛育肥目标从牛肉品质档次上划分，可分为高档（高价）牛肉、优质牛肉、普通牛肉、小牛肉（白牛肉）；从育肥肉牛的饲料类型上划分，可分为精饲料型、少量精饲料型、青粗饲料型；从育肥牛结束体重上划分，可分为较大体重（550 千克以上）、中等体重（400 ~ 550 千克）和较小体重（400 千克以下）等。

肉牛育肥目标确定的依据是：牛肉市场的需求量、牛肉价格；育肥牛自身条件；饲养者技术水平、资金条件、经营模式（养牛卖牛式、饲养屠宰牛肉销售一体化）、经营能力；饲养环境条件（温度、湿度）等。

育肥目标确定后，能不能把育肥牛养好，关键是选好牛。选择牛的内容包括：育肥牛品种的选择、育肥牛年龄的选择、育肥牛性别的选择、育肥牛体重的选择、育肥牛体型的选择、育肥牛体质的选择和育肥牛体膘的选择。

第一节 育肥牛品种的选择

一、生产高档（高价）牛肉的牛品种

依据笔者的经验，适合生产高档（高价）牛肉的有秦川牛、晋南牛、鲁西牛、南阳牛、延边牛、渤海黑牛、郏县红牛、三河牛、草原红牛、新疆褐牛、复州牛与夏南牛等品种的纯种牛，以及以上述品种牛为母本（父本有日本黑毛和牛、安格斯牛、西方塔尔牛等）的杂交牛。现对各品种牛的特点和特性做简单介绍。

1. 秦川牛

秦川牛的主要产区在陕西关中平原的咸阳和渭南地区，这里也是秦川牛的育成地区。

（1）秦川牛的体型外貌 外貌特征为体格高大，结构匀称，肌肉丰

满，毛色紫红，体质结实，骨骼粗壮，具有肉用牛的体型（彩图1）。

1）牛头。头大额宽，长短适中；面部清秀，面平口方。

2）牛角。短粗、钝角、向后，常常是活动角。

3）鼻镜。宽大，颜色为粉红色。

4）被毛和皮。全身被毛为紫红色，皮厚薄适中而有弹性。

5）体躯。胸部深而宽，肋骨开张良好，背腰平直、长短适中，尻部稍斜，腹部稍大但不下垂，为长方形体型。

6）四肢。发育好，粗壮，直立。

7）臀部。较发达、较大，育肥后圆而宽大。

8）牛蹄。圆大，蹄壳为红色。

（2）秦川牛的体尺、体重　秦川牛的体尺、体重见表2-1。

表2-1　秦川牛的体尺、体重

性　别	体高/厘米	体长/厘米	胸围/厘米	管围/厘米	体重/千克
公牛	141.4	160.4	200.5	22.4	594.5
母牛	124.5	140.3	170.8	16.8	381.8

（3）秦川牛的产肉性能　据西北农林科技大学邱怀教授用6月龄秦川牛试验，在中等营养条件下饲养到18月龄，屠宰测定秦川牛的产肉性能见表2-2。肉用指数：公牛为4.20，母牛为3.07。

表2-2　秦川牛的产肉性能

项　目	公牛（3头）	母牛（4头）	阉牛（2头）	平均（9头）
屠宰前活重/千克	408.6±4.6	345.5±14.9	385.5±27.5	375.7±33.2
胴体重/千克	282.0±4.6	202.3±12.0	231.2±27.0	235.3±21.0
净肉重/千克	198.9±2.8	177.3±11.4	199.5±18.2	189.6±15.7
屠宰率（%）	56.8±0.8	58.5±1.1	60.1±2.0	58.3±1.7
净肉率（%）	48.6±1.2	51.4±1.4	51.7±1.4	50.5±1.7
胴体产肉率（%）	85.7±1.6	87.1±1.2	85.9±2.0	86.8±1.9
骨肉比	1:5.8	1:6.8	1:5.8	1:6.1
脂肉比	1:9.6	1:5.4	1:6.4	1:6.5
眼肌面积/厘米^2	106.5	93.1	96.9	97.0±20.3

（4）秦川牛的杂交效果　秦川牛用丹麦红牛、利木赞牛、西门塔尔

牛等品种牛作为父本，进行杂交改良，也取得了较好的效果。

2. 晋南牛

晋南牛在山西省运城的万荣县等地育成。现在晋南牛的主要生产区在运城、临汾等地。

(1) 晋南牛的体型外貌　晋南牛是我国的较大体型黄牛，体格高大，骨骼粗壮，体质壮实，全身肌肉发育较好（彩图2）。

1）牛头。头较长、较大，额宽嘴大，有“狮子头”之称。

2）鼻镜。颜色为粉红色。

3）牛角。角体短粗呈圆形或扁平形，以顺风角型为多，角尖为枣红色。

4）被毛和皮。被毛多为枣红色和红色，皮厚薄适中而有弹性。

5）体躯。体躯高大，鬐甲宽大并略高于背线，前躯发达，胸宽深，背平直，腰较短，腹部较大而不下垂，长方形体型。

6）臀部。较大且发达，但尻较窄且斜。

7）四肢。结实，粗壮。

8）牛蹄。大而圆，蹄壳为深红色。

(2) 晋南牛的体尺、体重　晋南牛的体尺、体重见表2-3。

表2-3　晋南牛的体尺、体重

性　别	体高/厘米	体长/厘米	胸围/厘米	管围/厘米	体重/千克
公牛	138.6	157.4	206.3	20.2	607.4
母牛	117.4	135.1	164.6	15.6	539.4

(3) 晋南牛的产肉性能　根据笔者饲养和屠宰晋南黄牛的试验，其产肉性能见表2-4。肉用指数：公牛为4.38，母牛为4.59。

表2-4　晋南牛的产肉性能

头数/头	年龄/月	宰前活重/千克	胴体重/千克	屠宰率（%）	净肉重/千克	胴体产肉率（%）
28	27	581.9	369.3	63.38	313.7	84.94
30	24	541.9	344.0	63.44	292.8	85.11
9	24	485.8	301.7	61.36	267.6	88.40
88	36	521.3	274.6	53.7[①]	229.4	83.53

① 民营屠宰企业的胴体标准。

(4) 晋南牛的杂交效果 晋南牛杂交效果是指杂交牛与同年龄的我国地方纯种黄牛生长发育速度或育肥期增重速度的比较，以下各品种黄牛的杂交效果与此相同。据山西省运城市家畜家禽改良站李振京等报道，用夏洛来牛、西门塔尔牛、利木赞牛分别改良晋南牛，在相同的饲养管理条件下，杂交牛 15~18 月龄时育肥和屠宰性能比较见表 2-5。

表 2-5 改良晋南牛生长育肥比较

组别	头数/头	饲养天数/天	开始体重/千克	结束体重/千克	增重/克	增重比（以晋南牛增重为 100% 计）
晋南牛	4	100	276.05	331.75	619	100.0%
夏晋牛	4	100	355.35	436.75	905	146.2%
西晋牛	4	100	350.00	425.5	839	135.5%
利晋牛	4	100	343.13	417.30	824	133.1%

经过 100 天的育肥后，在 18 月龄时，与晋南牛的体重（331.75 千克）相比：夏晋牛的体重（436.75 千克）高 105 千克；西晋牛的体重（425.5 千克）高 93.75 千克；利晋牛的体重（417.3 千克）高 85.55 千克。在 100 天的育肥时间内，夏晋牛、西晋牛、利晋牛分别比晋南牛的日增重高 46.2%、35.5% 和 33.1%，说明改良效果显著。

在屠宰成绩中，夏晋牛、西晋牛、利晋牛的屠宰率分别比晋南牛高 5.81%、5.27%、4.28%，净肉率同样是杂交牛高于纯种晋南牛，仍以上述排序，杂交牛净肉率要比晋南牛分别高 5.89%、5.07%、5.64%（表 2-6）。

表 2-6 改良晋南牛屠宰成绩

组别	头数/头	宰前活重/千克	胴体重/千克	屠宰率（%）	净肉重/千克	净肉率（%）	胴体产肉率（%）	骨重/千克	骨肉比	月龄/月
晋南牛	4	318	164.4	51.69	127.7	40.15	77.66	31.1	1:4.1	18~20
夏晋牛	4	422	242.2	57.50	194.1	46.04	80.13	41.8	1:4.7	17~19
西晋牛	4	412	234.7	56.96	186.3	45.22	79.38	42.7	1:4.4	18~19
利晋牛	4	404	226.3	55.97	185.1	45.79	81.82	36.1	1:5.1	17~20

另据山西省万荣县畜牧局王恒年等报道，用利木赞牛改良晋南牛，杂交一代牛在24月龄体重达到651千克，比同龄的晋南牛292千克高359千克，杂交优势非常明显。

3. 鲁西牛

鲁西牛的育成地在山东省济宁市的嘉祥、梁山县，菏泽市的牡丹区和郓城县。现在鲁西牛的生产区，除济宁市和菏泽市外，还有泰安市、青岛市和德州市等地。

（1）鲁西牛的体型外貌　体躯高大，体长稍短，骨骼较细，肌肉发达（彩图3）。按体格大小，鲁西牛可以分为大型牛和中型牛。大型牛又称“高辕牛”，中型牛又称“抓地虎”。

1）牛头。头短而宽、粗而重，面部、额部清秀。

2）鼻镜。肉红色。

3）牛角。角型较多，以扁担角、龙门角为主，角色为棕色或白色。

4）被毛和皮。全身被毛以棕红色、黄色或浅黄色者较多。嘴、眼圈、腹部内侧、四肢内侧毛色较浅，称为“三粉”（鲁西牛的标志性特征），皮厚薄适中而有弹性。

5）体躯。体躯高大而稍短，胸部较深、较宽，前躯比较宽深，背腰平宽而直，侧望似长方形，腹部大小适中、不下垂，具有肉用牛的体型。

6）臀部。较丰满，但尻部较斜。

7）四肢。壮实，有力。

8）牛蹄。大而圆，颜色为棕色或白色。

（2）鲁西牛的体尺、体重　鲁西牛的体尺、体重见表2-7。

表2-7　鲁西牛的体尺、体重

性　别	体高/厘米	体长/厘米	胸围/厘米	管围/厘米	体重/千克
公牛	155.0	160.9	206.4	22.0	680.0
母牛	135.0	138.2	168.0	16.2	410.0

（3）鲁西牛的产肉性能　根据笔者饲养和屠宰鲁西牛的情况，将其产肉性能列于表2-8。鲁西牛也有非常优良的肉用性能。肉用指数：公牛为4.39，母牛为3.04。

表 2-8　鲁西牛的产肉性能

头数/头	年龄/月	宰前活重/千克	胴体重/千克	屠宰率（%）	净肉重/千克	胴体产肉率（%）
30	27	527.9	332.9	63.06	282.4	84.69
10	24	493.8	310.5	62.87	255.7	82.35
293	18～30	449.0	241.7	53.87①	203.4	84.15

① 民营屠宰企业的屠宰率标准。

（4）鲁西牛的杂交效果　纯种鲁西牛有很多优点，但也有很多不足之处，如生长速度较慢、后躯发育稍差、斜尻等。因此，适度改良鲁西牛很有必要。改良鲁西牛的父本品种有利木赞牛、西门塔尔牛和皮埃蒙特牛等。西门塔尔牛改良鲁西牛屠宰成绩见表 2-9。

杂交牛一至三代的平均屠宰率为 57.13%、净肉率为 45.76%，比鲁西牛分别高 7.77 个百分点、7.51 个百分点。

表 2-9　西门塔尔牛改良鲁西牛屠宰成绩

品种	头数/头	宰前重/千克	胴体重/千克	净肉重/千克	屠宰率（%）	净肉率（%）	胴体产肉率（%）	眼肌面积/厘米^2
鲁西牛	2	385	190.04	147.26	49.36	38.25	78.27	
杂交一代	2	480	264.35	209.00	55.07	43.54	76.18	72.25
杂交二代	2	489	281.20	226.40	57.51	46.30	80.51	116.00
杂交三代	2	555	326.40	263.35	58.81	47.45	80.68	122.43

4. 南阳牛

南阳牛在河南省南阳市唐河县育成。现在南阳牛的生产区域除南阳市外，在河南省的周口市、商丘市等地也有大量饲养。

（1）南阳牛的体型外貌　体格高大，肩峰高耸（彩图 4）。

1）牛头。头较小、较轻、长短适中，面部、额部清秀。

2）鼻镜。颜色为肉色。

3）牛角。较小、较短，为浅黄色。

4）被毛和皮。被毛有黄红色、黄色、米黄色、草白色几种，以黄

红色、黄色较多；皮薄而有弹性，皮张品质优良，为国内制革行业首选的原料皮。

5）体躯。体格高大，肩峰高耸，腹部较小，呈长圆筒形，前躯发育好于后躯，全身肌肉较丰满。

6）臀部。较小，发育较差，尻部斜而窄。

7）四肢。正直，但骨骼较细。

8）牛蹄。蹄圆、大小适中，蹄壳颜色以琥珀色和蜡黄色较多。

（2）南阳牛的体尺、体重 南阳牛的体尺、体重见表2-10。

表2-10 南阳牛的体尺、体重

性　别	体高/厘米	体斜长/厘米	胸围/厘米	管围/厘米	体重/千克
公牛	144.9	159.8	199.5	20.4	647.9
母牛	126.3	139.4	169.2	16.7	411.9

（3）南阳牛的产肉性能 南阳牛腹部较小，体躯呈圆筒状，因此经过充分育肥的南阳牛屠宰率较高。笔者曾经育肥饲养南阳牛百余头，屠宰率为64%，净肉率为55%。肉用指数：公牛为4.47，母牛为3.26。

（4）南阳牛的杂交效果 据河南省南阳市畜牧兽医站赵凡等报道，南阳牛用皮埃蒙特牛、契安尼娜牛改良取得了较好的效果，见表2-11。

表2-11 南阳牛改良效果

组别	头数/头	育肥期/月	开始重/千克	结束重/千克	日增重/千克	屠宰率（%）	眼肌面积/厘米^2
南阳牛	2	8	246	411	906	61.0	85.5
皮南牛	2	8	303	479	960	61.8	91.7
契南牛	2	8	319	532	1170	58.8	141.0

在另一个皮南杂交牛、契南杂交牛与南阳牛的育肥试验中，在310天试验期内，南阳牛日增重为747克，皮南杂交牛的日增重为723克，契南杂交牛的日增重为859克。皮南杂交牛的增重不如南阳牛。本次试验结果可以说明，要利用杂交优势就要进行杂交组合的选定，不是任何杂交组合都有杂交优势。

据中国农业科学院畜牧研究所吴克谦等报道，南阳牛用西门塔尔牛、夏洛来牛和利木赞牛改良，表现出以下几个特点：

第一，杂交牛的个体大于纯种牛。

第二，杂交牛的屠宰率高于纯种牛，杂交二代高于杂交一代。

第三，杂交牛的净肉率高于纯种牛。

南阳牛和杂交牛屠宰成绩见表2-12。

表2-12　南阳牛和杂交牛屠宰成绩

项　目	西杂二代	西杂一代	夏杂	利杂	秦杂	南阳牛	对照牛①
宰前活重/千克	555	526	554	500	488	499	425
胴体重/千克	329.5	295.5	324	301	285.8	274	238
屠宰率（%）	59.4	56.2	58.5	60.2	58.5	54.9	56.0
胴体体表脂肪覆盖率（%）	85.0	86.0	85.0	80.0	75.0	80.0	75.0
骨重/千克	48.0	48.0	50.0	45.5	48.0	39.5	40.0
净肉率（%）	50.7	47.1	49.5	51.1	48.7	47.0	46.6
骨肉比	1∶5.86	1∶5.16	1∶5.48	1∶5.62	1∶4.95	1∶5.94	1∶4.95

① 对照牛是指未经专门育肥的南阳牛。

5. 延边牛

延边牛是我国有名的地方品种之一。延边牛的主产区在吉林省的延边朝鲜族自治州。

（1）延边牛的体型外貌（彩图5）

1）牛头。头较小，面部清秀，额部宽平、长短适中。

2）鼻镜。颜色为浅褐色，带有黑斑点。

3）牛角。角根较粗，角向外后方伸展呈“一”字形或倒“八”字形。

4）被毛和皮。全身被毛黄色占75%，深黄色占16%，浅黄色较少。被毛长而密，皮厚而有弹性。

5）体躯。胸部深而宽，前躯发育好，后躯发育不如前躯，但仍有长方形肉用牛体型，骨骼结实。

6）臀部。发育一般，斜尻较重。

7）四肢。健壮，粗细适中。

8）牛蹄。蹄壳为浅黄色。

（2）延边牛的体尺、体重　延边牛的体尺、体重见表2-13。

表 2-13　延边牛的体尺、体重

性　别	体高/厘米	体长/厘米	胸围/厘米	管围/厘米	体重/千克
公牛	130.6	151.8	186.7	19.8	465.5
母牛	121.8	141.2	171.4	16.8	365.2

（3）延边牛的产肉性能　笔者采用肉牛易地育肥法，从延边朝鲜族自治州购买 10~12 月龄的未去势延边公牛 10 头育肥（育肥开始后 180 天去势），经过 420 天育肥，屠宰前活重达到 535 千克 ±42.47 千克，屠宰率为 61.29% ±1.25%，胴体重 328 千克 ± 28.27 千克，净肉重 273.69 千克 ±26.7 千克，净肉率为 51.1% ± 1.6%，胴体产肉率为 83.37% ±1.25%。肉用指数：公牛为 3.56，母牛为 3.00。

6. 渤海黑牛

渤海黑牛的主产区是山东滨州市无棣县。

（1）渤海黑牛的体型外貌（彩图 6）

1）牛头。渤海黑牛头较小、较轻，面部和额部清秀、平坦。

2）鼻镜。颜色为黑色。典型的渤海黑牛有鼻、嘴、舌三黑的标志特点。

3）牛角。角型以龙门角和倒“八”字角为主。

4）被毛和皮。全身被毛为黑色，皮厚薄适中而富有弹性。

5）体躯。低身广躯，呈长方形肉用牛体型。

6）臀部。发育较好，斜尻较轻。

7）四肢。较短、粗，直立，坚实。

（2）渤海黑牛的体尺、体重　渤海黑牛的体尺、体重见表 2-14。

（3）渤海黑牛的产肉性能　据笔者测定，12 头渤海黑公犊牛经过充分育肥，屠宰前体重为 501.3 千克，胴体重 318.7 千克，屠宰率为 63.6%，净肉重 267.6 千克，净肉率为 53.4%。

肉用指数：公牛为 3.84，母牛为 3.61。

表 2-14　渤海黑牛的体尺、体重

性　别	体高/厘米	体斜长/厘米	胸围/厘米	管围/厘米	体重/千克
公牛	135.1	156.9	195.5	19.8	518.6
母牛	119.5	147.1	183.8	16.2	431.1

另据资料介绍，未经育肥的渤海黑牛的产肉性能见表2-15。

表2-15 未经育肥的渤海黑牛的产肉性能

项 目	公牛2头（4~5岁）	阉牛4头（2.5~7岁）
屠宰前体重/千克	437.0	373.8
屠宰后体重/千克	420.5	357.7
胴体重/千克	231.9	187.4
净肉重/千克	198.3	154.1
屠宰率（%）	53.0	50.1
净肉率（%）	45.4	41.3
胴体产肉率（%）	85.5	82.3
骨肉比	1:5.9	1:4.6
熟肉率（%）	57.5	54.1

7. 郏县红牛

郏县红牛主产区在河南省平顶山市的郏县和宝丰等县。

（1）郏县红牛的体型外貌（彩图7）

1）牛头。面额清秀，头较宽、长短适中，嘴较大。

2）牛角。偏短，向前上方和两侧平伸角较多，颜色以红色和蜡黄色为多，角尖以红色为多。

3）鼻镜。颜色为粉红色。

4）被毛和皮。毛色为红色、浅红色和紫色，占比为红色48.5%、浅红色24.3%、紫色27.2%。皮厚薄适中而有弹性。

5）体躯。结构匀称、较长、呈筒状，骨骼坚实，体质健壮，具有兼用牛体型，垂皮较发达，尻较斜。

6）臀部。发育较好，较方圆、较宽、较平，较丰满。

7）四肢。粗壮，直立，坚实。

8）牛蹄。圆形，结实，大小适中，蹄壳颜色与毛色相近。

（2）郏县红牛的体尺、体重 郏县红牛的体尺、体重见表2-16。

表2-16 郏县红牛的体尺、体重

性 别	体高/厘米	体斜长/厘米	胸围/厘米	管围/厘米	体重/千克
公牛	146.7	183.3	199.4	20.8	608.1
母牛	131.4	158.9	187.1	18.9	460.0

（3）郏县红牛的产肉性能　据对6头未经育肥的郏县红牛屠宰测定，屠宰率为51.4%，净肉率为40.8%，眼肌面积为69厘米²，骨肉比为1∶5.1。肉用指数：公牛为4.14，母牛为3.86。

8. 三河牛

内蒙古自治区呼伦贝尔市的三河（根河、得勒布尔河和哈布尔河）及滨洲、滨绥两条铁路沿线是三河牛的育成地区。三河牛为新中国成立后我国培育的兼用品种牛。

（1）三河牛的体型外貌

1）牛头。白色，面部、额部有白斑。

2）牛角。向上、向前方弯曲者多，少数牛的角向上，角色以蜡黄色为多。

3）鼻镜。肉色者较多。

4）被毛。为红白花、黄白花，花片分明。四肢膝关节下、腹部下方及尾尖呈白色。

5）体躯。结构较匀称，较长，呈圆筒形。骨骼坚实，体质健壮，具有兼用牛体型。

6）臀部。发育较好，稍有斜尻。

7）四肢。较粗壮，直立有力。

8）牛蹄。大小适中，蹄壳颜色多为蜡黄色。

（2）三河牛的体尺、体重　三河牛的体尺、体重见表2-17。

表2-17　三河牛的体尺、体重

性　别	体高/厘米	体斜长/厘米	胸围/厘米	管围/厘米	体重/千克
公牛	161.0	207.0	245.5	22.9	1081.1
母牛	136.9	161.6	196.4	19.2	578.9

（3）三河牛的产肉性能　据测定，中等营养条件育成的公牛屠宰率可达50%以上。肉用指数：公牛为6.71，母牛为4.43。

9. 草原红牛

草原红牛的主产区在内蒙古自治区的赤峰市（原昭乌达盟）、锡林郭勒盟，吉林省的通榆县、镇赉县，河北省的张家口市和张北等地，是新中国成立后我国培育的兼用品种牛。

（1）草原红牛的体型外貌

1）牛头。大小适中，额较宽，颈、肩结合良好。

2）牛角。角伸向前外方，呈倒“八”字形，稍向内弯曲。角色为蜡黄褐色。

3）鼻镜。紫红色者较多。

4）被毛。全身被毛为紫红色（41.8%）和红色（38.5%），部分牛的腹下或乳房有小片白斑。

5）体躯。结构匀称，背腰平直、较长、呈圆筒形，具有肉用牛的体型，骨骼坚实，体质健壮。

6）臀部。较大、较宽、较丰满，稍有斜尻。

7）四肢。粗壮，直立。

8）牛蹄。大小适中，蹄壳颜色多为紫红色。

（2）草原红牛的体尺、体重 草原红牛的体尺、体重见表2-18。

表2-18 草原红牛的体尺、体重

性　别	体高/厘米	体斜长/厘米	胸围/厘米	管围/厘米	体重/千克
公牛	137.7	177.5	213.3	22.6	760.0
母牛	124.3	147.4	181.0	17.6	453.0

（3）草原红牛的产肉性能 据测定，草原红牛的产肉性能见表2-19。肉用指数：公牛为5.52，母牛为3.64。

表2-19 草原红牛的产肉性能

年龄/月	育肥方式	宰前体重/千克	胴体重/千克	屠宰率（%）	净肉重/千克	净肉率（%）
9	育肥饲养	218.6	114.5	52.5	92.8	42.6
18	放牧	320.6	163.0	50.8	131.3	41.0
18	短期育肥	378.5	220.6	58.2	187.2	49.5
30	放牧	372.4	192.1	51.6	156.6	42.0
42	放牧	457.2	240.4	52.6	211.1	46.2

10. 新疆褐牛

新疆褐牛的主产区在天山北麓西端的伊犁哈萨克自治州和准噶尔界山塔城地区的牧区和半农半牧区。

（1）新疆褐牛的体型外貌

1）牛头。头方大，嘴大小中等，肩颈结合较好。

2）牛角。角尖稍直，呈深褐色，向侧前上方弯曲，呈半椭圆形，大小适中。

3）鼻镜。颜色为褐色。

4）被毛。全身被毛为褐色，但深浅不一。顶部、角基部、口轮的周围和背线为灰色或黄白色。眼睑为褐色。眼睑、鼻镜、尾尖、蹄呈深褐色，为新疆褐牛标志性特点。

5）躯体。胸较深较宽、开张，背腰平直，腹部稍大但不下垂，躯体稍短，具有长方形体型特点。

6）臀部。发育较好、较丰满，但稍有点斜尻。

7）四肢。粗壮、直立，宜于放牧。

8）牛蹄。蹄壳为褐色。

（2）新疆褐牛的体尺、体重　新疆褐牛的体尺、体重见表2-20。

表2-20　新疆褐牛的体尺、体重

性　别	体高/厘米	体斜长/厘米	胸围/厘米	管围/厘米	体重/千克
公牛	144.8	202.3	229.5	21.9	950.8
母牛	121.8	150.9	176.5	18.6	430.7

（3）新疆褐牛的产肉性能　在放牧条件下测定的新疆褐牛的产肉性能见表2-21。

表2-21　新疆褐牛的产肉性能

项目	年龄/月	头数/头	宰前体重/千克	胴体重/千克	屠宰率（%）	净肉重/千克	净肉率（%）	骨重/千克	骨肉比	眼肌面积/厘米^2
阉牛	24	13	235.4	111.5	47.4	85.3	36.3	24.6	1∶3.5	47.1
公牛	30	16	323.5	163.4	50.5	124.3	38.4	35.7	1∶3.5	73.4
公牛	成年	10	433.2	230.0	53.1	170.4	39.3	51.3	1∶3.3	76.6
母牛	成年	10	456.9	238.0	52.1	180.2	39.4	52.4	1∶3.4	89.7

11. 复州牛

复州牛的培育地和主产区均在辽宁省的瓦房店市（原复县）。

（1）复州牛的体型外貌（彩图8）

1）牛头。短粗，头颈结合良好。嘴大而呈方形，面部、额部清秀。

2）牛角。公牛角粗而短，向前上方弯曲；母牛角较细，多为龙门角。

3）鼻镜。颜色为肉色。

4）被毛和皮。全身被毛为浅黄色或浅红色，四肢内侧毛色较浅，皮厚、结实而有弹性。

5）躯体。牛胸较宽、较深，体质健壮，结构匀称，骨骼粗壮，背腰平直，体躯呈长方形或圆筒形。

6）臀部。方大，发育较好，尻部稍倾斜。

7）四肢。四肢粗壮、直立、结实。

8）牛蹄。蹄质坚实，蹄壳为蜡黄色。

（2）复州牛的体尺、体重　复州牛的体尺、体重见表2-22。

表2-22　复州牛的体尺、体重

性　别	体高/厘米	体斜长/厘米	胸围/厘米	管围/厘米	体重/千克
公牛	147.8	184.8	221.0	22.8	764.0
母牛	128.5	147.8	179.2	17.3	415.0

（3）复州牛的产肉性能　笔者曾在春季购买6～8月龄复州公牛犊10头，饲养15个月，体重达到585.8千克时屠宰，胴体重363千克，屠宰率为62.05%，净肉重302千克，净肉率为51.62%，表现了较好的肉用性能。肉用指数：公牛为5.17，母牛为3.23。

12. 夏南牛

夏南牛是以夏洛来牛为父本、南阳牛为母本，采用导入杂交、横交固定和自群繁育培育的我国肉用牛品种。夏南牛的培育地在河南省泌阳县。

（1）夏南牛的体型外貌（彩图9和彩图10）

1）牛头。头较大、较粗，方正。额平直，面额清秀。

2）鼻镜。多为肉色。

3）牛角。公牛角呈锥状，水平向两侧延伸；母牛角细圆，稍向前

倾。角色为黄色。

4）被毛和皮。夏南牛全身被毛为黄色，以浅黄色、米黄色居多。皮厚、结实而有弹性。

5）体躯。胸部较宽、较深，背腰平直。尻部长、宽、平、直，呈长方形。肉用特征明显。

6）臀部。较大，发育较丰满。

7）四肢。粗壮，结实有力。

8）牛蹄。蹄壳颜色和毛色近似。

（2）夏南牛的体尺、体重　夏南牛的体尺、体重见表2-23。

表2-23　夏南牛的体尺、体重

性　别	体高/厘米	体重（初生）/千克	体重（6月龄）/千克	体重（12月龄）/千克	体重/千克
公牛	142.5	38.5	197.4	299.0	850.0
母牛	135.5	37.9	196.5	292.4	600.0

（3）夏南牛的产肉性能　据河南省泌阳县畜牧局资料，夏南牛的产肉性能见表2-24。

表2-24　夏南牛的产肉性能

项目	屠宰率（%）	净肉率（%）	胴体产肉率（%）	眼肌面积/厘米^2	熟肉率（%）	pH	剪切力值/千克	骨肉比	优质肉率（%）	高档肉率（%）
夏南牛	60.13	48.84	82.63	117.7	58.66	5.38	2.61	1:4.8	38.37	14.35

13. 荷斯坦牛

世界奶牛业发达国家，60%以上的牛肉来自奶公犊牛、不留作种用的母牛犊及淘汰母牛群体。我国当前饲养奶牛量720万头（数据来源中国产业信息网），每年约有200万头公犊牛和淘汰母牛可生产牛肉70万吨，因此，在当今肉牛牛源紧缺的情况下利用奶公犊牛生产牛肉具有十分重要的意义。更由于奶公犊牛具有早期生长速度快、体型大的特点，因此，用其生产牛肉具有一定的优势。据报道日本利用荷斯坦阉公牛育肥18~26个月，出栏体重780千克左右，大理石纹等级A2级到A5级不等。

尽管我国利用奶公犊牛生产牛肉处在开始阶段，但是它的资源量和

生长速度快，已经显示出强大的生命力。据黑龙江省农业科学院畜牧研究所孙芳研究员多年的试验研究和生产实践积累的资料表明，在地处一年有半年寒冷期（试验期遇最低气温 -35℃）的黑龙江地区，奶公犊牛的生长速度仍然令人满意。2 月龄断奶的奶公犊牛，对其进行谷物全价配合饲料直线育肥饲养试验，220 日龄平均体重可达 330 千克；2013—2016 年试验结果表明，780 日龄（26 月龄）时平均屠宰体重 870 千克，可以生产出日本 2 级以上大理石纹牛肉；2018—2019 年的试验数据更表明，470 日龄（15.7 月龄，育肥期 331 天）荷斯坦阉公牛平均体重达 628.50 千克（平均日增重 1395 克），荷斯坦公牛平均体重达 676.30 千克（平均日增重 1488 克）。

二、生产优质牛肉的牛品种

我国所有地方品种黄牛的纯种牛，以地方品种黄牛为母本和引进肉用品种牛的杂交牛，都能生产优质牛肉。因此，生产优质牛肉的牛品种多，范围广。除上述适合高档（高价）牛肉生产的品种外，其他品种牛如冀南牛（主产区为河北省南部）、巫陵牛（主产区为湖南省湘西、湖北省南部、贵州省东部等）、蒙古牛（主产区为内蒙古自治区）、平陆山地牛（主产区为山西省平陆县）、哈萨克牛（主产区为新疆维吾尔自治区伊犁哈萨克自治州）、舟山牛（主产区为浙江省舟山市定海区、普陀区）、温岭高峰牛（主产区为浙江省温岭市）、台湾牛（主产区为我国台湾省）、皖南牛（主产区为安徽省长江以南黟县、歙县等）、广丰牛（主产区为江西省上饶市广丰区）、闽南牛（主产区为福建省龙海、漳浦、晋江、平和等地）、大别山牛（主产区为湖北省大别山西部和东部地区）、枣北牛（主产区为湖北省襄阳市襄州区、枣阳市等地）、巴山牛（主产区为川、鄂、陕交界的大巴山地区）、雷琼牛（主产区为雷州半岛的徐闻县、海南省的琼山市）、盘江牛（主产区为南北盘江的滇、黔、桂的广大山区）、三江牛（主产区为四川省西北部边沿山区）、峨边花牛（主产区为四川省凉山彝族自治州东北部）、云南高峰牛（主产区为云南省南部、西南部和中部）、西藏牛（主产区为西藏自治区海拔 2300～3800 米地区），都能生产优质牛肉。

三、生产普通牛肉的牛品种

我国所有的黄牛品种都能生产普通牛肉。

第二节　育肥牛年龄与性别的选择

一、育肥牛年龄的选择

饲养育肥牛的经济效益与牛的年龄也有密切的关系。一是牛的增重速度随牛年龄而变化，从出生至18～24月龄是牛的生长高峰期。二是肉牛体内脂肪沉积的高峰期为14～24月龄。三是牛的年龄影响牛肉的品质，低品质的牛肉不会卖到较高的价格。因此，把育肥牛的年龄确定为12～36月龄。大于36月龄的牛，生产高档（高价）牛肉的比例极低。生产高档（高价）牛肉的育肥牛，纯种牛要小于36月龄，杂交牛要小于30月龄。

二、育肥牛性别的选择

到目前为止，我国育肥牛性别上差异在于公牛的去势（也称阉割、劁或骟）与不去势，用母牛进行育肥的为极少数。其原因：一是母牛是再生产的基础资料；二是母牛在育肥过程中会周期性发情，因此，增重速度较慢。

1. 公牛不去势育肥饲养的优点

第一，公牛不去势时睾丸产生雄性激素，能促进公牛生长，因此，生长速度比去势公牛快。

第二，公牛不去势育肥饲养时，瘦肉（红肉）产量高，脂肪含量少。

第三，公牛不去势育肥饲养时，饲料转化率较高。

第四，公牛不去势育肥饲养时，里脊（牛柳）、外脊（西冷）肉块重量大。

2. 公牛不去势育肥饲养的缺点

第一，公牛不去势，性情暴躁，好格斗，不易管理，有时还会伤人。

第二，公牛不去势育肥饲养，牛肉达到最高档次的难度较大。

3. 阉公牛和公牛育肥饲养屠宰成绩比较

（1）阉公牛与公牛肌肉大理石花纹等级比较　公牛去势育肥饲养和公牛不去势育肥饲养，肌肉呈现大理石花纹的能力（即育肥期体内脂肪沉积的能力）差别极大。用六级制标准比较，阉公牛一级、二级占84%～88%，无五级和六级；公牛无一级，二级占10%左右，而三级、四级占的比例大（表2-25）。

表 2-25　阉公牛与公牛肌肉大理石花纹等级比较

牛　别	统计头数/头	一级（%）	二级（%）	三级（%）	四级（%）	五级（%）	六级（%）
阉公牛	25	44	44	8	4	—	—
阉公牛	25	64	20	16	—	—	—
阉公牛	15	53.33	33.33	13.33	—	—	—
阉公牛（晚）	10	10	20	70	—	—	—
公牛	10	—	—	—	90	10	—
公牛	11	—	9.09	27.27	54.55	9.09	—
公牛	15	—	13.33	53.33	13.33	20	—

（2）阉公牛与公牛屠宰率、净肉率比较　笔者选用年龄、体重相近的阉公牛和公牛处在类似的饲养管理条件下育肥饲养，屠宰测定它们的屠宰率、净肉率与胴体体表脂肪覆盖率。阉公牛与公牛屠宰率、净肉率等的比较见表 2-26。

表 2-26 表明阉公牛的屠宰率比公牛的屠宰率高，阉公牛的净肉率、胴体体表脂肪覆盖率均好于公牛。

表 2-26　阉公牛与公牛屠宰率、净肉率等的比较

牛　别	统计头数/头	屠宰率（%）	净肉率（%）	胴体体表脂肪覆盖率（%）
晋南阉公牛	28	63.38 ±1.57	54.06 ±2.06	85.28 ±2.33
晋南阉公牛	25	63.44 ±20.07	54.20 ±1.84	85.99 ±1.39
秦川阉公牛	29	63.02 ±2.17	52.95 ±2.56	84.09 ±4.43
秦川阉公牛	25	64.22 ±2.21	54.54 ±1.71	85.21 ±1.24
鲁西阉公牛	25	63.06 ±2.04	53.50 ±2.57	84.69 ±3.38
南阳阉公牛	26	63.74 ±1.52	54.24 ±1.96	85.11 ±2.24
科尔沁阉公牛	15	62.44 ±1.98	52.89 ±2.08	84.73 ±1.56
利鲁杂交阉公牛	47	61.17 ±2.45	49.73 ±3.14	81.45 ±4.47
延边阉公牛（晚阉）	10	61.29 ±1.25	51.10 ±1.60	83.37 ±1.25
复州公牛	10	62.05 ±1.58	51.62 ±1.29	83.31 ±0.99
渤海黑公牛	12	63.59 ±1.75	53.37 ±1.89	83.94 ±0.94
科尔沁公牛	15	61.73 ±1.49	51.94 ±1.61	84.19 ±1.56

（3）阉公牛与公牛脂肪量比较　在同一测定中，阉公牛体内脂肪沉积量远远大于公牛，见表 2-27。

表 2-27　阉公牛与公牛脂肪量比较

牛　别	统计头数/头	肉间脂肪量/千克	肾脂肪量/千克	心包脂肪量/千克
晋南阉公牛	28	41.13	18.54±4.21	3.06±0.91
秦川阉公牛	29	45.88	17.70±4.83	3.07±1.00
鲁西阉公牛	25	42.36	13.57±5.12	1.52±0.63
南阳阉公牛	26	36.12	14.33±4.10	1.58±0.54
科尔沁阉公牛	15	32.20	17.45±5.22	2.51±0.69
延边阉公牛（晚阉）	10	26.59	16.56±3.54	2.58±0.74
复州公牛	10	18.16	8.52±3.30	1.19±0.43
渤海黑公牛	12	20.25	11.59±3.81	1.62±0.42
科尔沁公牛	15	17.98	14.42±5.13	1.97±0.66

表2-27表明，阉公牛肉间脂肪量远大于公牛，多数品种阉公牛的肾脂肪量及心包脂肪量都也大于公牛。说明阉公牛在育肥饲养过程中沉积脂肪的能力强，也说明以大理石花纹、背部脂肪为特色的高档（高价）牛肉只有阉牛公才能长成。另一方面，去势时间较晚（18月龄）的延边阉公牛沉积脂肪的能力比适时去势（6~8月龄）阉公牛差，但又比未去势的公牛强。

（4）牛肉嫩度　笔者在多次研究中测定阉公牛和公牛牛肉的嫩度（剪切力值）。用沃布氏肌肉剪切仪测定，剪切力值用千克表示，数值小的为嫩度好。阉公牛比公牛牛肉的嫩度好得多，见表2-28。

表 2-28　阉公牛、公牛牛肉的嫩度统计

项　目	晋南阉公牛	秦川阉公牛	延边阉公牛（晚阉）	科尔沁阉公牛	复州公牛	渤海黑公牛	科尔沁公牛
测定次数/次	250	250	100	150	100	110	150
平均剪切力值/千克	3.001	3.098	3.639	3.513	4.004	4.416	4.458

第三节　育肥牛体重的选择

育肥牛体重以150~400千克为好。原因是：①生产高档牛肉时，较小体重开始育肥容易获得。②两地的牛价差额大时，选择大体重架子牛能获得较大的利润。③饲养技术水平一般化的养牛户，饲养大体重的架

子牛较好。④资金短缺的养牛户饲养大体重架子牛较好。⑤饲养大体重架子牛，资金周转快，但利润较小。⑥以中档牛肉为主产目标时可饲养大体重架子牛。

育肥牛屠宰前活重要在500千克以上。牛肉肉块重量和育肥牛屠宰前活重成正比例关系，即屠宰前活重越重，肉块重量也越重（表2-29）。

表2-29　育肥牛屠宰前活重和肉块重量关系

（单位：千克）

屠宰前活重 肉块名称	晋南牛 561.9	秦川牛 577.7	鲁西牛 528.3	南阳牛 508.7	延边牛 535.0	西鲁牛 538.4	渤海黑牛 501.3
牛里脊（牛柳）	4.72	5.03	4.28	4.22	4.71	4.68	4.66
牛外脊（西冷）	11.91	11.84	11.31	10.38	11.14	11.25	10.13
眼肉	13.77	13.63	12.78	11.90	12.84	12.38	12.38
臀肉（针扒）	14.61	15.66	15.35	16.48	14.28	14.38	15.19
大米龙（烩扒）	11.74	12.71	13.15	12.97	11.34	11.63	12.38
小米龙（烩扒）	3.82	3.99	4.02	3.92	3.85	3.88	4.31
膝圆（霖肉，和尚头）	10.90	11.72	10.14	10.07	10.27	10.98	10.68
腰肉（尾龙扒）	8.54	9.19	8.56	8.50	8.56	8.83	8.72
腱子肉（牛展）	15.12	15.77	15.11	15.36	14.28	14.81	14.99
优质肉块	77.2	81.9	80.3	78.6	78.6	78.5	78.0
总产肉量	303.22	309.51	287.79	275.44	273.69	270.63	285.25

肉块重量不同，定级和售价也不同。牛柳等肉块的定级重量见表2-30。

表2-30　肉块重量和定级　（单位：千克）

肉块名称	特　级	一　级	二　级	三　级
牛里脊（牛柳）	>2.2	>1.8	>1.6	<1.6
牛外脊（西冷）	>6.0	>5.0	>4.5	<4.5
眼肉	>7.5	>6.5	>5.5	<5.5

第四节　育肥牛体型外貌的选择

一、牛的体型外貌

牛体外形部位名称如图2-1所示；肉牛体尺测量部位如图2-2所示。

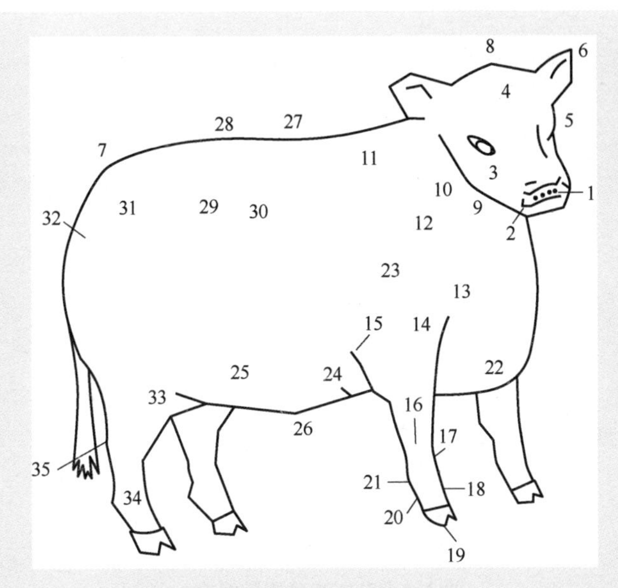

图 2-1 牛体外形部位名称

1—鼻孔 2—鼻镜 3—脸 4—额 5—眼 6—耳 7—尾根 8—额顶 9—下颌 10—颈 11—鬐甲 12—肩 13—肩端 14—臂 15—肘 16—腕 17—管 18—球节 19—蹄 20—系 21—悬蹄 22—前胸 23—胸 24—前肋 25—后肋 26—腹 27—背 28—腰 29—腰角 30—肷 31—臀（尻） 32—臀端（尻尖） 33—大腿 34—小腿 35—飞节

选购育肥牛（架子牛）时，应从牛的前面、侧面、后面的不同位置进行观察，区分不同质量的牛（表 2-31 ~ 表 2-33）。

表 2-31 从牛的前面看体型外貌

优秀质量牛	一般质量牛	低 质 量 牛
头短而方大	头大小适中	头小而狭长
嘴大	嘴大小尚可	嘴小
鼻镜潮湿有汗珠	鼻镜潮湿有汗珠	鼻镜潮湿有汗珠
眼大有神	眼大有神	眼稍大
颈部短粗	颈部较短粗	颈部较细长

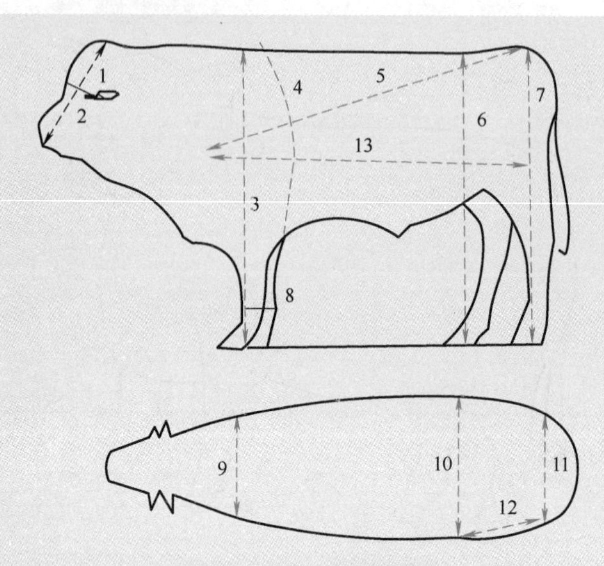

图 2-2　肉牛体尺测量部位

1—头长　2—额宽　3—体高　4—胸围　5—体斜长　6—十字部高　7—尻尖高　8—管围　9—胸宽　10—腰角宽　11—臀端宽　12—尻长　13—体直长

表 2-32　从牛的侧面看体型外貌

优秀质量牛	一般质量牛	低质量牛
长方形或圆筒形	长方形或圆筒形	狭长，狭窄
四肢粗壮	四肢粗壮	四肢粗壮
蹄直立	蹄直立	蹄卧立
牛蹄较大	牛蹄大	牛蹄较小
背平坦呈直线	背平坦呈直线	弓背或凹腰
腹部不下垂	腹部稍下垂	腹部下垂
胸部宽而深	胸部较宽较深	胸部较狭窄
牛毛光顺	牛毛较光顺	牛毛粗糙
十字部高	十字部较高	十字部不高

表 2-33　从牛的后面看体型外貌

优秀质量牛	一般质量牛	低质量牛
臀部圆而饱满	臀部圆，欠饱满	臀部尖而瘪
肌肉发育好	肌肉发育尚好	肌肉发育较差

（续）

优秀质量牛	一般质量牛	低 质 量 牛
腹部稍凸起	腹部稍凸起	腹部凸起
两后肢间张开	两后肢间较张开	两后肢间较狭窄
腰角圆而丰满	腰角较丰满	腰角凸出
尾巴长而垂直	尾巴长而垂直	尾巴长而垂直
尾根肥粗	尾根较粗	尾根细
尾根两侧隆起	尾根两侧稍隆起	尾根两侧无隆起
两臀端间平坦	两臀端间较平坦	两臀端间有沟
蹄直立	蹄直立	蹄卧立

二、育肥牛体型外貌性状与育肥期增重的相关关系

育肥牛体型外貌性状与育肥期增重之间存在一定的相关关系。笔者在生产实践和科学研究中测得了架子牛体型外貌性状与育肥期增重的相关关系，现简述于下，供参考。

（1）牛头的长度　牛头的长度与牛在饲养期间的增重存在中等相关关系（相关系数为 0.3756）。因此，在选购架子牛时，选择牛头长度中等的牛，在育肥期会有较高的增重。

（2）牛头的宽度　牛头的宽度与牛在育肥期间的增重之间存在中等相关关系（相关系数为 0.4027）。在选购架子牛时，选择头宽一些的牛，在育肥期会有较高的增重。

（3）牛头额宽　牛头额宽与牛在育肥期间的增重之间存在中等相关关系（相关系数为 0.4497）。

牛头额宽与牛的眼肉、牛外脊肉重量之间存在中等相关关系（相关系数分别为 0.3819 和 0.3433）。因此，在选购架子牛时，选择额部宽一些的牛，在育肥期会有较高的增重。

（4）牛胸围　牛胸围与里脊肉、外脊肉、眼肉、臀肉、大米龙、膝圆及腰肉重量之间存在中等相关关系，与育肥期增重之间存在中等相关关系（相关系数为 0.5934）。在选购架子牛时，选择胸围大一些的牛，在育肥期会有较高的增重。

（5）牛胸深　牛胸深与里脊肉、外脊肉、眼肉、臀肉、大米龙、小米龙、膝圆及腰肉重量之间存在中等相关关系。牛胸深与育肥牛在育肥期的增重之间存在强相关关系（相关系数为 0.6627）。因此，在选购架子牛时，选择胸深大一些的牛，在育肥期会有较高的增重。

(6) 臀部宽度 臀部宽度与里脊肉、外脊肉、眼肉、臀肉、大米龙、小米龙、膝圆及腰肉重量之间存在中等相关关系。臀部宽度和牛在育肥期的增重之间存在中等相关关系（相关系数为0.5822）。因此，在选购架子牛时，选择臀部宽度大一些的牛，在育肥期会有较高的增重。

(7) 牛前管围 牛前管围与里脊肉、外脊肉、眼肉、臀肉、大米龙、小米龙、膝圆及腰肉重量之间存在中等相关关系。牛前管围与牛育肥期的增重之间存在强相关关系（相关系数为0.6642）。因此，在选购架子牛时，选择前管围粗一些的牛，在育肥期会有较高的增重。

三、育肥牛体尺和体重

根据育肥牛体尺估算育肥牛的体重有3种计算方法：

方法一　体重(千克)=胸围(米)×胸围(米)×体斜长(米)×87.5(系数)

方法二　体重(千克)=胸围(厘米)×胸围(厘米)×体斜长(厘米)÷系数(已经育肥的牛取10000,未育肥的牛取11420)

方法三　体重(千克)=胸围(厘米)×胸围(厘米)×体斜长(厘米)÷系数(6月龄的牛取12500,18月龄的牛取12000)

四、育肥牛的净肉重计算参数

育肥牛100千克体重能出净肉重量：体膘较差的，33～35千克（33%～35%）；体膘一般的，36～39千克（36%～39%）；体膘较好的，40～42千克（40%～42%）；体膘特好的，47～50千克（47%～50%）。

第五节　育肥牛体质与体膘的选择

一、育肥牛体质的选择

育肥牛要选择具有以下特征的：体质健壮，精神饱满，反应敏捷；头高高抬起，密切注视周围的任何动静，耳朵不停地摆动；眼睛有神，当有人接近时，健壮牛两眼炯炯有神，全神专注；耳朵竖立分辨声响或呈水平方向前后摆动；尾巴左右摇摆自如；四肢粗壮、端正、直立；被毛光顺。背腰平直；腹部较大但不下垂，较紧凑；身体各部位结构匀称。

选择时应牵牛走一走，转一转，用手摸一摸牛皮肤的松紧程度。从外表观察，营养较好，粪尿颜色正常。再测试反刍情况是否正常：一个食团咀嚼次数在50次以上为体质健壮；一个食团的咀嚼次数在30次以下的牛，体质多数较差。

二、育肥牛体膘的选择

1. 育肥牛体膘的要求

从品种、性别、年龄、体型外貌、体质等方面挑选育肥牛都已满意，最后还要考察牛的膘情（体膘）。以下 4 种膘情的牛，不适合作为育肥牛。

第一，短粗肥胖型。早期肥胖造成体积小、体重大的牛，发展前途差，在进一步育肥时增重慢，饲料报酬低。

第二，长高消瘦型。年龄符合要求而早期生长受阻，造成体积大、体重小的牛。要了解牛生长受阻的时间，生长受阻的时间在6个月以下的可以作为育肥牛，超过6个月的不应作为育肥牛。

第三，最好不选择超年龄标准（标准由育肥场自定）的体瘦体弱的牛。

第四，由于疾病造成牛的体膘消瘦而疾病尚未痊愈，这样的牛不宜作为育肥牛。

2. 牛体膘四季的差别

不同季节牛的膘情有较大差别。一般来说，春季的牛体膘差一些，秋季的牛体膘好一些。民间流传“春买骨头秋买肉”就是这个道理。平时购买架子牛时有五六成膘即可。

纵观当前牛肉的消费市场，高档（高价）牛肉生产量少、需求量大，供需矛盾非常突出。给肉牛饲养户饲养高档肉牛提供了机遇。从养牛的利润空间（效益）比较，生产高档（高价）牛肉的利润远远要高于优质牛肉和普通牛肉，而且当前和以后很长时间内高档（高价）牛肉的市场需求量会持续增加。当然高利润的背后也存在高风险。因此，肉牛饲养户在没有更深入了解高档（高价）牛肉生产的条件下不能冒险。生产高档（高价）牛肉要充分认识2个主要条件：其一，肉牛本身是否具备生产高档（高价）牛肉的条件（如品种、年龄、性别、体重、体质、体型外貌等）；其二，肉牛本身是否具备上述生产高档（高价）牛肉以外的条件（如饲养技术、资金、运作模式等）。

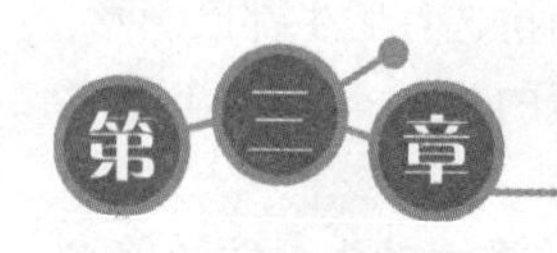

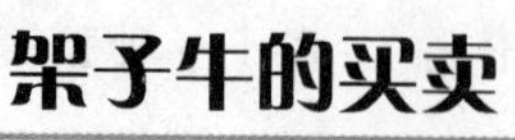

第三章 架子牛的买卖

第一节 架子牛收购前的准备

架子牛收购前的准备工作包括架子牛产地或集散地（交易地）的调查、架子牛运输车辆条件的调查、架子牛收购方法的调查、架子牛存放地的调查。

一、架子牛产地条件考察

1. 社会环境和饲养习惯等条件的考察

（1）社会环境 主要是当地社会的安全性和肉牛流行病、突发病。

1）社会的安全性。安全、稳定有序的社会环境是收购架子牛的首要条件。

2）牛病疫情。牛病流行或突发病的种类、流行面、流行季节、死亡数，疫苗种类、疫苗接种面、接种时间；应重点考察牛口蹄疫、炭疽病、结膜炎（红眼病）、结核、布氏杆菌、副结核等病。

（2）肉牛饲养习惯 对肉牛饲养习惯的考察有利于架子牛到育肥牛场后的过渡饲养。

（3）肉牛资源量 对肉牛资源量的考察有利于选购架子牛。肉牛资源量大，选择架子牛的强度就大，选购理想架子牛的概率就高。

（4）饲料饲草资源量 从饲料饲草资源量的考察可以大致分析架子牛的营养状况，以及架子牛有无补偿生长基础。

（5）运牛车租赁 育肥牛场不具备运牛车时，架子牛运输主要依靠当地，所以要考察当地的运输能力、运价、可靠程度。

（6）交易时间 架子牛产地牛交易会日期（阳历、阴历）。

（7）品种构成 架子牛产地或集散地（交易地）的架子牛的品种构成。

（8）数量情况 架子牛的数量结构（纯种牛、杂交牛的比例）。

（9）年龄情况　架子牛的年龄结构。

（10）性别结构　架子牛的性别结构。架子牛产地或集散地（交易地）对小公牛有无去势的习惯，去势的月份，去势牛的年龄。牛群中公牛、母牛、牛犊、架子牛的比例。

2. 产地牛价、收购费用等考察

（1）牛资源量　前1～2年年底存栏牛数、其中可繁殖母牛数、每年繁殖成活牛犊数、年底存栏架子牛数、每年出售的架子牛数。

（2）架子牛价格　高峰价、低谷价，高峰低谷价出现的时间、持续时间，平时价格。

（3）架子牛产地防疫调查　注射疫苗种类、注射时间。

（4）架子牛交易方法　按体重估算计价，按净肉重估算计价，称重计价。

（5）架子牛收购同行信息　产地有无其他收购架子牛的单位或个人，他们收购牛的类别、用途、收购量、运输牛的方式。

（6）架子牛膘情　由于气候、饲料条件的差别，一年四季对架子牛的膘情要求也不同。

（7）收购费用　类别包括工商管理费、经纪人交易费、检疫费、换牛绳费、装牛费、卫生费、场地费、牛临时看管费等，以及每项的收费标准。

（8）架子牛产地农药使用情况　产地使用于玉米、麦类、水稻、牧草等作物农药的种类名称、使用量、使用时间，必要时采样测定农药是否超标。

（9）架子牛产地饮用水的品质调查　必要时采样测定。

（10）架子牛产地及周边环境条件调查　例如，有无污染源（气体、污水）。

（11）交易市场内经纪人的情况　必要时应做考察。

3. 产地条件考察的方法

（1）实地考察　到当地直接进行考察为第一选择，能够获得较详尽的情况。

（2）问讯考察　事前做好提纲，向有关机构询问。

（3）网站考察　在网站上查询该地区有关肉牛的资料。

（4）电话咨询　通过电话咨询。

二、架子牛交易前的准备

1. 架子牛收购前应做的准备

第一，做好收购架子牛的资金准备工作。

第二，运输工具的准备。如果自己有车辆应进行车况检查；如果雇用车辆，要了解车主信誉、运输车型号、载重量、收费标准及交费方式。

第三，准备牛耳标、耳号。

第四，准备收购记录本。

第五，安排押运员。

第六，运输路线。选择安全、快捷方便、途中费用少的运输线路。

第七，接收架子牛的准备工作。对牛舍进行清扫、消毒、铺垫草，准备架子牛到场的称重系统及预防接种疫苗。

第八，架子牛到场后的饲料饲草、饲养员工的准备。

第九，准备运牛车辆到场后的消毒工作。

2. 架子牛交易中有关事宜的谈判

第一，架子牛交易谈判的主体为架子牛购买方，客体为交易场所管理人员或经纪人。

第二，架子牛交易谈判的内容为：①架子牛交易价格确定的方式（以体重计价、以净肉重计价和以整牛计价）；②架子牛交易价格，即确定架子牛交易价格的上限和架子牛交易价格的下限；③收购架子牛数量要求（每个交易日收购数量），以及架子牛的质量要求（品种、年龄、性别、体重、体型外貌、体质体况等）；④收购架子牛健康状况要求；⑤架子牛交易后的暂时寄存、寄养、看管、饲养等的费用；⑥架子牛交易中税费种类、收费标准，架子牛交易成功后税费、证件手续办理及付款方式（现金、银行划拨、汇款）；⑦架子牛交易后发生意外伤亡牛的处理等。

第三，明确交易双方责任，必要时签订架子牛交易合同，并在当地公证处公证。

三、架子牛的计价标准

架子牛的计价标准有以下几种：

1. 以体重计价

（1）以架子牛体重为计价标准的方法 ①凭经验估测架子牛的体重。②用衡器测量。③根据架子牛体尺估算。

（2）用体尺估算体重　用架子牛体尺估算其重量的方法有以下3种。具体计算方法见“育肥牛体尺和体重”部分相关内容。

胸围和体重的关系便查表（表3-1），可供生产中参考使用。

表3-1　胸围和体重的关系便查表

胸围/厘米	体重/千克	胸围/厘米	体重/千克	胸围/厘米	体重/千克	胸围/厘米	体重/千克	胸围/厘米	体重/千克
66	36	90	68	114	133	138	222	162	342
68	38	92	72	116	139	140	231	164	355
70	39	94	76	118	145	142	239	166	367
72	41	96	79	120	151	144	248	168	380
74	43	98	84	122	161	146	257	170	396
76	46	100	89	124	170	148	266	172	412
78	49	102	94	126	176	150	275	174	424
80	52	104	99	128	181	152	289	176	436
82	55	106	105	130	187	154	300	178	448
84	58	108	111	132	197	156	310	180	462
86	61	110	117	134	205	158	321	182	476
88	64	112	125	136	214	160	332	184	490

在使用胸围和体重的关系便查表时，要注意牛的年龄、体膘、采食量和季节。

2. 以净肉重计价

架子牛100千克体重能出净肉：体膘较差，能出净肉33～35千克，用百分数表示为33%～35%；体膘一般，能出净肉36～39千克，用百分数表示为36%～39%；体膘较好，能出净肉40～42千克，用百分数表示为40%～42%；体膘特好，能出净肉47～49千克，用百分数表示为47%～49%。

3. 以整牛计价

以一头牛为单位整牛计价。

第三章

第二节 架子牛的收购

一、收购程序

采用的运输工具不同，架子牛的收购程序也不同。

（1）采用汽车运输时架子牛的收购程序 采用汽车作为运输工具时，架子牛的收购程序如下：①架子牛品种、年龄、体型、体质、体况检查［不收购有下列情况之一的牛：无品种特性的牛、大年龄（4 岁以上）小体重牛、背线呈凹形的牛、两头小中间大的牛（枣核形）、具有母牛头型的阉牛、体质瘦弱的牛、耳根发凉的牛（人为灌水症状）、体表有外伤疤痕的牛、野性特别大的牛］；②双方协商定级、定价标准；③采用称重计价时，双方检验地磅的准确性；④称重，记录（双方同时看磅、同时记录）；⑤挂耳标（编号耳标、防疫耳标）；⑥开具县级检疫证、非疫区证、注射证、运输证、车辆消毒证；⑦双方核对体重、价格记录，结算、付款；⑧集中待运；⑨装车运输。

（2）采用火车运输时架子牛的收购程序 采用火车运输时，架子牛的收购程序，除了汽车运输的程序外，应增加下列程序：①采血；②铁路认可的单位检验血液；③体重不合格牛的处理办法（双方商定）；④架子牛集中；⑤架子牛由集中地到火车站的运输（运输车辆的地板必须是木板，车辆的组织和租赁费用，运输安全、责任和运输时间，运输过程丢失责任和伤亡责任）；⑥架子牛在火车站候车期间的饲养及管理。

二、赶运

从架子牛集合地到火车站的短距离赶运要做好以下工作：

第一，组织赶运人员，每 100 头牛配赶运人员 2 人。

第二，赶运人员报酬，按每批牛为单元或每人每天计酬。

第三，签赶运合同，其中明确丢失责任、牛伤亡责任及赶运终点的详细地址和到达时间。

第四，违约处理条款。

第五，赶运途中损害农作物的赔偿责任。

第六，明确赶运人员在赶运途中病、伤、死亡责任。

第七，架子牛在赶运途中的饲养及管理。

三、善后工作

要做好架子牛收购的以下善后工作：

第一，付清牛款。

第二，和银行结清账目，办理好财务手续。

第三，请合作（或协作）单位办理架子牛出境的手续：①兽医检疫证；②非疫区证明；③防疫注射证；④车辆消毒证；⑤工商费收费证明；⑥交易费收费证明；⑦黄牛技改费收费证明（部分地区）；⑧黄牛保种费收费证明（部分地区）；⑨其他必需证件。

收购人员每次收购结束后，要总结此次工作的经验和教训，提出改进意见。在此基础上，做好下一次收购架子牛的准备工作。

四、架子牛的买卖差额

架子牛买卖差额是指架子牛出售地的价格和育肥场育肥牛价格之间的差异（额）。这个差额的存在和差额的大小是决定架子牛买卖量多少的重要因素。如果差额微小甚至为零，易地架子牛买卖就很难进行；如果差额较大甚至很大，易地架子牛买卖就会非常兴旺。这里架子牛价格差额包含2个层面：一是架子牛在两地价格的差异，例如，甲地架子牛价为9元/千克，乙地为10元/千克，两地的差额为1元/千克，1头300千克的架子牛的易地差额为300元；二是架子牛育肥后出售时的价格，例如，出售价格为11元/千克，则架子牛自身增值部分为600元〔(11－9)×300〕，若售价为12元/千克，则架子牛自身增值部分为900元〔(12－9)×300〕，因此，架子牛的买卖差额不仅仅是300元，而是600元或900元。

在购买架子牛时就要对育肥牛的出售价格做出评估。买卖差额越大，育肥饲养户获利越多。架子牛买卖差额的存在，是促进肉牛易地育肥事业发展的重要条件之一，育肥饲养户要充分利用买卖差额规律，以获得更高的养牛效益。

架子牛的运输

肉牛的运输分为架子牛运输和育肥牛运输。实施肉牛易地育肥，就离不开架子牛由甲地向乙地的运输。架子牛运输期的质量是影响育肥牛在育肥期生长发育的重要的因素。因为在架子牛的运输过程中造成的外伤易医治，而运输过程中的应激反应及造成的内伤则不易被察觉，常常贻误治疗，造成直接经济损失。因此，要重视架子牛的运输工作。国内架子牛和育肥牛的运输方式有汽车（拖拉机）运输和火车运输。

第一节 架子牛运输工具及准备

一、汽车（拖拉机）运输

用于架子牛运输的车辆一般是兼用车或改装车。因此，应当特别谨慎，需要做好以下运输前的准备工作：

第一，检查车厢、车况，带好备件和行车证件。

第二，检查车厢内有无异物和异味。

第三，检查车厢架结实程度。

第四，检查车厢内有无尖锐异物（铁丝、铁钉）。

第五，检查车厢外有无超宽、超长、超高异物。

第六，检查车厢内有无防滑设施，车厢地板应铺垫碎草或秸秆，或者干土。

第七，检查车厢内隔离材料是否完好、结实耐用。

第八，检查驾驶人精神状态是否良好，不能带病驾车。

第九，待装牛在装车前 16 小时应停止饲喂青贮饲料、青饲料或有轻泻性的饲料，不宜饲喂过量。

第十，待装牛在装车前 4 小时应停止饮水。对待运输牛要进行健康检查，防止病牛上车。

第十一，办妥防疫证、非疫区证明、疫苗注射证、车辆消毒证、车

用卫生合格证。

第十二，牛耳戴上标记（尤其防疫耳标）。

第十三，车辆是否已经备好汽油或柴油。

第十四，利用双层运牛车要检查上、下层结合是否牢固。

二、火车运输

运输前，要认真做好以下准备工作：

第一，车皮车厢底必须是木质地板。

第二，运输途中饲料的准备。饲料以小麦麸、玉米粉为主；粗饲料以牧草、玉米秸、麦秸（粉碎）为主；饲料饲草量以运输距离而定，一般标准量为每头每天 5～6 千克。

第三，饮水的准备。装运牛以前应购置盛水用的塑料桶或水缸，装车完毕，把盛水的容器全部盛满，并备有小水桶。

第四，木棍或绳子的准备。木棍或绳子用于隔离车厢。每个车厢分为3段：中间堆放饲草、饲料和水缸等，也为押运员留有休息处；两侧为牛的休息处。

第五，准备铁锤、铁钉和铁丝，以备途中之用。

第六，押运员的准备工作。押运员必须身强力壮。要备足途中的食物和饮水，并且随身携带押运证件、身份证件、税收证件、兽医卫生证件及其他有关的证件。

第七，押运员上车前必须接受车站货运员对运输途中注意事项的指导。

第八，车辆检查。在装运牛以前，必须仔细检查车厢内壁上有无尖锐铁钉、铁丝一类的物品，车辆地板是否完好、地板上有没有尖硬物品和块状物；车厢内有无异味，尤其是有无装载过有毒有害物品。发现问题，要立即纠正和处理。

第九，铺垫草。检查后无问题时，再在车厢内铺垫草（干草、粉碎玉米秸、麦秸、稻草）或干土。

第十，开窗通风。打开车厢的小窗，不管冬季还是夏季，都应把车厢的小窗全部打开通风。

第二节　架子牛装车

一、汽车（拖拉机）装车

架子牛的汽车装车按以下方法进行：

第一，利用装运牛专用设备时，将配套的装运牛通道与车后踏板紧紧相连，使牛顺着踏板进入车厢。

第二，每头牛备绳子1根，一端拴系于牛角，另一端拴系于车厢栏杆。刚上车时牛头和栏杆的距离为10厘米左右（也可散装）。

第三，将牛按头、尾相间拴系。

第四，利用国产车装运牛时，制备装运台（装运台宽2.4米，高1.5米），并与活动的装运牛通道相连（通道宽0.8~0.9米，上宽下窄）。

第五，每头牛应有一定的车厢面积。每一个车厢装运牛的数量多或少都不行。装运牛数量多时，易造成伤残，甚至死亡；装运牛数量少时，增加运输成本。车厢面积、装运牛数量参考见表4-1。

表4-1　车厢面积、装运牛数量参考

牛体重/千克	车厢面积（车厢长9.8米）/米^2	装牛数/头	车厢面积（车厢长12米）/米^2	装牛数/头
300	23.5	23	28.8	29
350	23.5	22	28.8	26
400	23.5	20	28.8	24
450	23.5	17	28.8	21

第六，将车厢分段隔开。根据车厢长短分段，每个隔段的挡板（或挡棍）应结实耐用，以圆形为好。车厢分段、装运牛数量参考见表4-2。

表4-2　车厢分段、装运牛数量参考

车厢长度/米	分隔段数/段	总面积/米^2	每隔段面积/米^2
≤8	2	19.2	9.6
≤10	3	23.5	7.8
≤12	4	28.8	7.2

第七，装满一个隔段后，立即将挡板（或挡棍）设置到位并紧固结实，然后再装第二个隔段。

第八，装牛时切忌粗暴、鞭打。

第九，牛头绝对不能伸出车厢。

第十，装牛完毕，关好车后门，锁牢。

二、火车装车

架子牛的火车装车按以下方法进行：

第一，利用装运牛通道装运牛，安全可靠。装运牛通道可以是固定的，也可以是活动的。装运牛通道可用规格为 ϕ100 毫米铁管制成。

第二，用引导法装车。在通往车厢的路上和车厢内铺以牛爱吃的干草，这样牛边吃草边走进车厢。

第三，装车过程中切忌对牛粗暴、鞭打。

第四，按牛大小、强弱分开装车。

第五，装车完毕，及时关闭车门。

第六，押运人员上车前及在押运途中必须做到：①接受车站货运处工作人员对押运注意事项的指导，并了解有关规定和注意事项；②运输途中严禁使用明火做饭、烧水、取暖。

第七，确保每头牛占有一定的车厢面积（表 4-3）。

表 4-3　架子牛体重与占有车厢面积参考表

架子牛体重/千克	占有车厢面积/米^2
180	0.70～0.75
230	0.85～0.90
270	1.00～1.10
320	1.10～1.20
360	1.20～1.30
410	1.30～1.40
500	1.40～1.50
550	1.50～1.60
600	1.60～1.70

第三节　架子牛运输途中的管理

一、汽车（拖拉机）运输途中的管理

用汽车运输架子牛在途中要掌握好以下要领：

第一，起动要慢，停车要稳。

第二，不紧急制动。

第三，不要急拐弯。

第四，中速行驶。

第五，行驶30千米左右停车，检查牛只，同时将牛绳放长至20～25厘米。

第六，遇大雨、大雪天气要停运。

第七，夏季防暑，实行夜间作业。

第八，夏季行驶200千米（或行车4～5小时）时应给牛饮水。

第九，冬季防寒，实行白天作业。

第十，防止牛倒下，被其他牛踩伤、压伤。

第十一，遇有牛晕车倒下或其他原因倒下时，应尽快把牛扶起；不能扶起时，驾驶人驾车要特别细心，绝不要紧急制动。

第十二，行车速度：一级路面，小于80千米/时；二级路面，小于60千米/时；三级路面（沙石路），小于50千米/时；土路，小于40千米/时。

第十三，行车时间要合理。每天的行车时间安排，1～2月为7：00～20：00；3～5月为6：00～20：00；6～8月为3：00～10：00或19：00至第二天3：00；9～12月为6：00～20：00。

二、火车运输途中的管理

在火车运输途中，架子牛的管理主要依靠押运员。押运员在行车途中要做到以下几点：

第一，接受车站货运处工作人员对押运注意事项的指导，并了解有关规定和注意事项。

第二，在押运中，行车时严禁吸烟，严禁使用明火。

第三，在行车途中严禁手、头伸出车厢门外，以防挤压致残。

第四，押运途中精心看护好牛。

第五，经常与列车员联系，了解本车在何时何地停靠及停靠的时间，以便喂牛饮水，并解决自身饮食问题。

第六，防止丢车。一旦发生丢车，要及时与当地车站联系，想方设法追赶牛车。

第七，押运到目的地，要立即和接收牛的单位联系，尽快把牛卸下。

第八，如发生牛死亡，应与前一个停靠站联系，以便进行妥善处理。

三、自备车运输途中的管理

架子牛自备运输车辆的运输，要做好以下管理工作：

第一，驾驶人需有熟练的驾驶技术：一是安全行驶，不开英雄车、不开斗气车；二是要慢起动、慢停车；三是在车辆运行中不紧急制动，拐弯时要减速。

第二，不疲劳驾驶，不驾驶有毛病的车，保持良好车况。

第三，全额承担架子牛上车后至目的地的安全责任。如果运输途中牛被踩死，负担50%；如果运输途中丢失牛，全额承担；如果发生意外、伤亡，视情况处理。

第四，行车距离定额。距离300～500千米往返2天（24小时为1天），距离500～800千米往返3天。

第四节　架子牛运输时的体重损失

架子牛由甲地运输到乙地，运输前后体重的变化，受运输距离、运输车辆设备、道路质量、驾驶人驾车技术、牛上车前吃草吃料及饮水程度、气候条件和装载量等因素影响。笔者对架子牛运输期间体重的变化进行了20余年的跟踪测定，现将记录整理于表4-4，供参考。

表4-4　架子牛运输体重变化统计

运输距离/千米	运输工具	运输前体重/千克	运输终体重/千克	损失体重		运行时间/小时	头数/头
				重量/千克	所占百分比（%）		
1007	汽车	187.5±40.1	167.9±36.5	19.6±5.3	10.45	60	10
420	汽车	560.5±30.2	512.4±31.3	48.1±3.5	8.58	16	42
35	汽车	591.3	585.6	5.9	1.0	0.5	47
980	汽车	335.6	285.4	50.2	14.96	36	15
1198	汽车	258.0	234.5	23.5	9.11	105	15
860	汽车	418.3±47.3	385.2±46.9	33.1±8.1	7.91	12	8
400	汽车	384.1±45.7	362.6±41.8	21.7±8.4	5.65	8	17
1000	汽车	498.5±47.6	457.1±41.0	47.3±21.8	8.31	18	17
400	汽车	372.5±67.1	346.5±59.9	26.0±11.6	6.98	9	11
300～400	汽车	351	325	26	7.96	7～8	11
986	火车	320.3±40.5	276.9±42.9	43.4±18.2	13.54	120	43
979	火车	379.9±22.8	340.1±20.0	39.8±19.9	10.48	97	25

分析表4-4汽车运输时架子牛在运输途中体重损失范围，绝对重为5.9～50.2千克，相对重为1%～14.96%（大多数在5%～9%）。差异如此大，主要原因是架子牛装车前是否喂料饮水，喂料饮水量大的牛运输掉重就多。运输时间长，掉重就多。

在计算架子牛的成本时，要考虑运输掉重的损失。

用火车运输架子牛时体重损失较大，每头牛体重损失一般为40～50千克，高的达76千克。用火车运输时，如果能在运输途中给牛喂料喂水就可以大大减少架子牛在运输途中体重的损失。

随着公路建设的进步，汽车运输有快捷、灵活的优势。架子牛的公路运输距离可超过1000千米。

第五节 架子牛卸车

架子牛经过较长时间运输，到达目的地以后，要及时把牛卸下，并进行编组分栏。

一、卸牛

架子牛育肥场应设卸牛台和架子牛通道。卸牛台（装车台）宽2.4米、高1.5米（与车厢底板同高），并与牛通道相连。架子牛通道一般用管材制成，可以移动。通道长5～10米，上宽90～100厘米，底宽40～50厘米（架子牛通道做成上宽下窄状，便于驱赶架子牛通过）。卸车时将牛逐一牵至卸牛台，进入架子牛通道（彩图11）。每头牛单独称重。记录牛耳号、体重、日期、品种、性别和毛色。称重后进行疫苗接种，同时做驱虫处理。

二、编组（分栏）

在围栏饲养时，要把架子牛编组分栏饲养。分组方法有以下6种：①以体重为主，把体重相近的架子牛分在一个围栏饲养；②以品种为主，把品种相同的架子牛分在一个围栏饲养；③以性别为主，把性别相同的架子牛分在一个围栏饲养；④以体质为主，把体质相近的架子牛分在一个围栏饲养；⑤以毛色为主，把毛色相同的架子牛分在一个围栏饲养；⑥以年龄为主，把年龄相近的架子牛分在一个围栏饲养。各饲养场可根据本场的具体情况，灵活掌握。

三、防止爬跨和格斗

在围栏育肥时，来自不同地区、互不相识的架子牛初次接触，会发

生格斗、爬跨现象，造成架子牛伤残。采取下列措施可以杜绝或减轻这种现象的发生。

第一，在围栏高 1.3 ~1.4 米处用铁丝网封严，防止牛起跳爬跨。

第二，将牛的两前腿系部用绳子拴系，绳子长 35 ~45 厘米。

第三，先在较大的运动场地中让架子牛互相熟悉一段时间，然后再合并成群。

第四，采用夜间并群。

第五，停水停食 4 ~6 小时，并群时向饲槽内添料，饮水槽内加满水，牛因忙于采食和饮水而减少格斗和爬跨现象的发生。

用于育肥牛的饲料种类很多，但是各种饲料按其组成可分为水和干物质两大类，详细划分如图 5-1 所示。

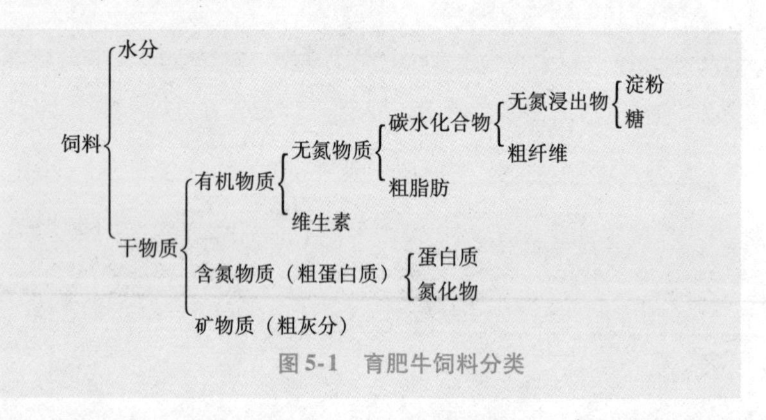

图 5-1 育肥牛饲料分类

按饲料的营养成分含量及功能，常常把饲料分为能量饲料、蛋白质饲料、粗饲料、青饲料、青（黄）贮饲料、酒糟饲料、粉渣饲料、矿物质饲料、维生素饲料、各种添加剂饲料等。

第一节 能量饲料

能量饲料是指饲料营养成分中的无氮浸出物含量高的饲料。能量饲料的组成中，碳水化合物占（以干物质为基础，下同）70% ~80%；蛋白质含量低，占 9% ~12%；粗纤维含量低，占 2% ~8%，消化率高；矿物质含量中等，钙含量少，磷含量多；饲料维生素 A、维生素 D 含量极少。能量饲料的能量值是通过每千克绝对干重（饲料含水量为零）饲料可利用的代谢能值（兆焦）来度量的。常用于育肥牛的能量饲料有玉米、大麦和高粱等。

一、玉米

从提供能量的角度比较各种饲料，玉米是育肥牛最好的能量饲料。它富含淀粉及糖类，是一种高能量低蛋白质饲料。饲料玉米依其颜色可分为黄色和白色2种，黄玉米、白玉米的营养成分含量略有差别。黄色玉米含有较多的叶黄素，此叶黄素和牛体内脂肪有极强的亲和力，两者一旦结合，就很难分开，将白色脂肪染成黄色，降低了牛肉品质。因此，育肥牛不能长期、大量饲喂黄玉米。

在育肥牛饲养中，如何更好、更有效地利用玉米，是肉牛工作者研究的重点。一些发达国家饲养肉牛的成功经验可供我们借鉴。他们试验研究了很多种利用玉米粒喂牛的形式，如玉米粒粉碎、玉米粒压碎、玉米粒磨碎、玉米粒压成片、玉米粒湿磨、带轴玉米粉碎、带轴玉米切碎、全株玉米青贮、整粒玉米和高水分（含水量为26%～30%）玉米粒贮存等，在不同条件（玉米粒价格、人员工资水平、育肥牛生产目的等）下，都取得了实效。

玉米的利用方法有以下几种：

1. 玉米粉

目前我国肉牛饲养利用玉米粒以粉碎为主，但是对玉米粒粉碎细度没有标准。普遍认为玉米粉碎得越细，牛的消化率越高，这是一种误解。玉米粒粉碎的粗细度不仅影响育肥牛的采食量和日增重，也影响玉米本身的利用率及肉牛饲养总成本。据布瑞瑟氏介绍，用辊磨机粉碎（细度为2毫米、0.3～1毫米2种）和锤片机粉碎（细度为0.5毫米、2毫米2种），粉碎同一种玉米饲料喂牛，由于饲料粗细不同，饲喂育肥牛以后得到的效果有较大的差异（表5-1）。

表5-1 不同粉碎细度精饲料喂牛效果

机器类别	辊磨机		锤片机	
粗细度	粗粉碎	细粉碎	粗粉碎	细粉碎
采食量（%）	100	90	100	85
增重（%）	100	100	100	100
饲料转化率（%）	100	90	100	90

从表5-1中不难看出，玉米粒用辊磨机粉碎，粗粉碎时牛的采食量和饲料转化率要比细粉碎时提高10个百分点；玉米粒用锤片机粉碎，粗

粉碎时牛的采食量和饲料转化率要比细粉碎时分别提高 15 和 10 个百分点。细粉碎后饲料转化效率低的原因是精饲料粉碎过细，在瘤胃内被降解的比例提高了，被牛利用的比例就低，因而饲料的经济性和牛的增重量都受到了不利的影响。

饲料粉碎过细，会造成育肥牛采食饲料量的下降，原因是饲料的适口性下降。育肥牛采食较粗精饲料量比采食较细粉末饲料量要高一些。因此，在目前条件下，我国肉牛饲养场喂牛的玉米粉碎的细度（粉状料的直径）以 2 毫米左右为好。

2. 玉米压片

采用压片玉米粒喂牛已在国外广泛利用近 30 年，近年来有更多的肉牛饲养场采用压片玉米喂牛。压片玉米可分为几种类型，如干燥压片玉米（含水量为 12% ~14%）、蒸汽（温度为 100 ~ 105℃，含水量为 20% ~22%）压片玉米。

（1）育肥牛饲喂蒸汽压片玉米的好处 第一，玉米中所含有的淀粉受高温高压作用而发生糊化作用，玉米淀粉糊化作用致使糊精和糖的形成，使玉米变得芳香有味，因而提高了适口性。玉米蒸汽压片可提高糊化度。2002 年 12 月我们进行了以下 2 次试验：①蒸汽温度为 80 ~ 90℃，在玉米进入蒸汽处理前 1. 5 ~ 2 小时，对玉米粒喷水软化，玉米未破碎，热蒸汽隔离接触；②玉米破碎程度为 3 ~ 5 块/粒，整粒玉米与热蒸汽直接接触，破碎玉米也与热蒸汽直接接触。取得的结果见表 5-2。

表 5-2 不同玉米压片方法的结果

玉米处理方法		糊化度（%）	备 注
喷水软化	热蒸汽直接接触（整粒）	50. 0	处理时间 45 分钟
喷水软化	热蒸汽直接接触（破碎）	58. 5	处理时间 45 分钟
喷水软化	热蒸汽直接接触（破碎）	60. 7	烘干
喷水软化	热蒸汽隔离接触（整粒）	26. 7	处理时间 25 分钟
喷水软化	热蒸汽隔离接触（整粒）	27. 6	处理时间 35 分钟
喷水软化	热蒸汽隔离接触（整粒）	27. 3	处理时间 45 分钟
喷水软化	整粒	7. 04	未处理
喷水软化	破碎	7. 50	未处理

第二，玉米淀粉糊化作用，使淀粉颗粒物质结构发生了变化，消化

过程中酶反应更容易，从而使玉米饲料转化率提高7%～10%。

第三，玉米淀粉糊化作用减少了甲烷的损失，而增加6%～10%的能量滞留，从而使育肥牛的增重提高5%～10%。同样年龄的牛犊，达到体重300千克，采用磨碎玉米时需要240天，而采用蒸汽压片玉米时可减少30天。

第四，玉米淀粉糊化作用减少了瘤胃酸中毒的概率。

第五，蒸汽压片玉米的吸水率提高了5%～8%。

第六，玉米用蒸汽压片以后改变了形状，与牛消化液接触面积增加了，从而将饲料的消化率提高6%。

第七，玉米蒸汽压片的生产成本较低。

第八，新生牛犊饲喂蒸汽压片玉米后，死亡率减少4～5个百分点。

第九，在肉牛的配合饲料中，采用蒸汽压片玉米后，兽药费用下降60%。

（2）蒸汽压片玉米制作工艺流程 原料（玉米、大麦、小麦、高粱）→提升输送→除尘→初筛→除杂质→除铁→提升输送→贮存→计量（5000～10000千克）→增湿（饲料含水量为20%～22%）→蒸煮（蒸汽，105～110℃，40分钟）→压片（片厚0.5～1毫米）→离心除尘→冷却→排风机（脱水降温）→散热器（干燥降温）→垂直送风→离心除尘→计量包装（含水量为12%～14%）→成品库→销售

（3）蒸汽压片玉米的厚度与喂牛效果 经科学工作者试验研究证明，蒸汽压片玉米的厚度会影响育肥牛的采食量，继而影响育肥牛的增重及饲料报酬（表5-3）。用厚度小于1毫米的压片玉米喂牛时，育肥牛平均日增重1280克，比厚度为2毫米的玉米片和6毫米的玉米片分别将增重提高4.07%和6.67%；用厚度小于1毫米的压片玉米喂牛时，每增加1千克体重的饲料（干物质）需要量为5.6千克，比厚度为2毫米的玉米片和6毫米的玉米片分别将利用率提高2.78%和3.62%。因此，在实际工作时，蒸汽压片玉米的厚度应小于1毫米。

第五章

表5-3 蒸汽压片玉米的厚度与喂牛效果

压片玉米厚度/厘米	<1	2	6
试验牛数/头	14	14	14
开始体重/千克	220	219	222
结束体重/千克	428.6	419.5	417.6

（续）

压片玉米厚度/厘米	<1	2	6
平均日增重/克	1280	1230	1200
平均每头每天采食干物质/千克	5.6	5.76	5.81
饲料报酬（干物质)/千克	6.1	6.7	6.9

3. 玉米湿磨

(1) 湿磨玉米的营养成分 湿磨玉米的营养成分见表5-4。

表5-4 湿磨玉米的营养成分

项　目	玉米面筋粉	玉米面筋饲料	玉米胚芽饲料	玉米浸泡液
粗蛋白质（%）	60.0	21.0	22.0	25.0
粗脂肪（%）	3.0	3.6	1.0	—
粗纤维（%）	3.0	8.4	12.0	0.0
叶黄素/(毫克/千克)	496.0	—	—	—
钙（%）	0.07	1.00	0.04	0.14
磷（%）	0.48	1.00	0.30	1.80
总消化养分（%）	80.00	89.00	67.00	4.00
生长能/(兆焦/千克)	5.5304	5.4467	4.1480	—
维持能/(兆焦/千克)	8.2036	8.2036	6.4521	—

(2) 湿磨玉米的特性 湿磨玉米饲料分玉米面筋粉、玉米面筋饲料、玉米胚芽饲料、玉米浸泡液几种。各种湿磨玉米的特点如下：

1）玉米面筋粉。它是玉米在湿磨加工过程中被分离的谷蛋白和在分离过程中没有被完全回收的少量淀粉、粗纤维。粗蛋白质含量高达60%，甲硫氨酸、叶黄素的含量都较高。在使用玉米面筋粉饲喂育肥牛时要适量添加，尤其是在育肥结束前100天左右应停止饲喂玉米面筋粉或限量饲喂。

2）玉米面筋饲料。它是玉米粒经过湿磨加工工艺生产玉米淀粉、玉米淀粉衍生物以后的剩余物，粗蛋白质含量达21%。

3）玉米胚芽饲料。它是玉米粒经过湿磨加工工艺提取的玉米胚芽及玉米胚芽榨油后的剩余物，粗蛋白质含量达22%。

4）玉米浸泡液。它是浸泡玉米粒的溶液。溶液中含有较多的水溶

性物质，如B族维生素、矿物质、一些未确定的促生长物质。溶液浓缩后可形成固形物。玉米浸泡液的干物质含量为4%左右。

（3）湿磨玉米的喂牛效果　玉米面筋饲料蛋白质的过瘤胃率可达60%，在一次用育肥牛34头饲喂150天的试验中，其结果见表5-5。

表5-5　不同比例湿磨玉米饲料喂牛效果比较

项　　目	90%湿磨玉米加10%青贮玉米	50%湿磨玉米加50%青贮玉米	70%湿磨玉米加30%青贮玉米	90%湿磨玉米无青贮玉米
日增重/克	1239	1339	1259	1217
干物质采食量/千克	7.90	8.81	8.85	8.08
饲料/增重	6.40	6.57	7.04	6.64
屠宰率（%）	63.50	63.60	63.80	63.40
胴体质量等级①	9.77	9.52	9.58	8.80
胴体产量等级	2.79	1.76	2.70	2.49

①9为尚好（还可以），10为较好，11为好。

由表5-5中显示，用50%湿磨玉米加50%青贮玉米饲喂效果较其他湿磨玉米饲料和青贮玉米比例要好。

玉米面筋饲料喂牛的效果在另一个饲养中的结果见表5-6。

表5-6　湿磨玉米饲料和其他饲料喂牛效果比较

项　　目	玉米+豆饼	玉米+尿素	湿玉米+湿磨玉米	干玉米+湿磨玉米
开始体重/千克	327.8	328.7	326.9	327.3
结束体重/千克	479.0	468.5	484.4	479.9
日增重/克	1330	1267	1380	1348
每头每天采食量/千克	8.14	7.77	8.80	9.47
饲料/增重	6.13	6.37	6.37	7.01
胴体重/千克	298.7	287.8	304.6	302.8
屠宰率（%）	62.40	62.49	63.05	63.47
胴体产量等级	3.71	3.63	3.50	3.80
胴体质量等级	10.52	10.03	10.36	10.39

由表5-6可以看出，湿玉米+湿磨玉米、干玉米+湿磨玉米配合饲料喂牛的效果比玉米+豆饼、玉米+尿素配合饲料好，表现在日增重、每头每天采食量、屠宰率等项。

湿磨玉米的生产工艺如图5-2所示。

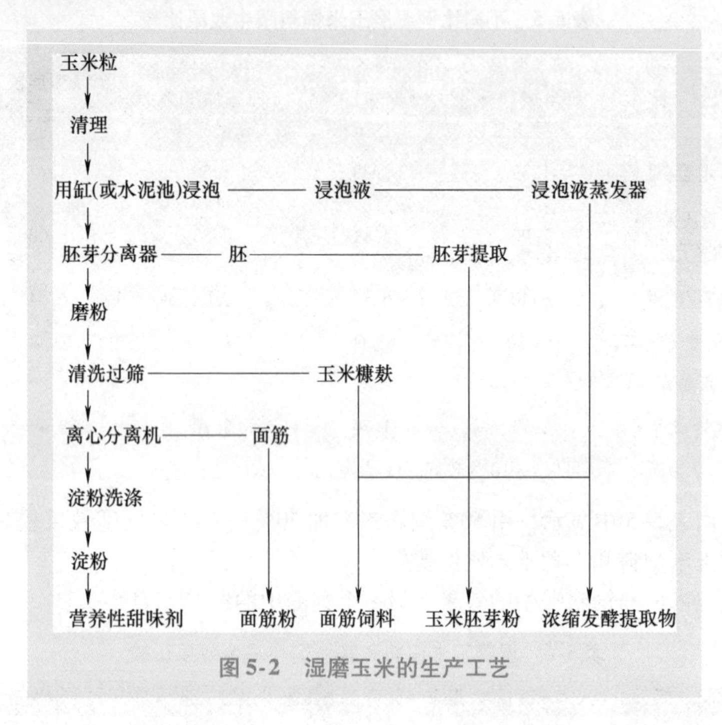

图5-2 湿磨玉米的生产工艺

4. 高水分玉米利用

玉米含水量达30%以上者称为高水分玉米。玉米是育肥牛的优质能量饲料。对玉米进行不同的加工后用于喂牛，会产生不同的饲养结果（表5-7），其中以玉米薄片（蒸）的效果为最好。用蒸汽压玉米薄片饲喂育肥牛，比用玉米粒喂牛平均日增重提高6.43%，每增加1千克体重的饲料需要量减少了0.56千克干物质；比用蒸玉米粒喂牛时的平均日增重提高1.17%，每增加1千克体重的饲料需要量减少了0.73千克干物质。用蒸汽压玉米薄片饲喂育肥牛效果显著。

第五章

表 5-7　玉米加工产品及其饲养牛的效果

项　　目	玉　米　粒	蒸 玉米 粒	蒸玉米薄片
试验牛头数/头	41	41	40
试验天数/天	221	221	221
开始体重/千克	190.0	194.2	192.1
结束体重/千克	440.9	458.0	459.0
平均日增重/克	1135	1194	1208
每头每天采食量（干物质量)/千克	7.01	7.59	6.71
饲料报酬（干物质)/千克	5.62	5.79	5.06

玉米是育肥牛的优质能量饲料，但黄玉米由于含有较多的叶黄素，大量饲喂会导致肉牛体内脂肪变黄而降低牛肉品质和销售价格，因此在育肥牛的育肥后期，要控制用量。尤其是高档肉牛育肥时更要注意。

提示

1）玉米以粉状形式喂牛时，粉粒的直径以 2 毫米为最好。

2）玉米以蒸汽压片形式喂牛时，压片的厚度以 0.7～1.2 毫米为最好。

3）在育肥后期，精饲料量的比例达 70% 以上时用整粒玉米喂牛效果最好，并且以煮熟整粒玉米喂牛效果较好。

二、大麦

大麦籽实是生产高档牛肉的极优质能量饲料，在育肥期结束前120～150 天，每头每天饲喂 1.5～2 千克大麦，会获得极好的效果。大麦籽实与玉米籽实不同，用作饲料的大麦籽实外面包有一层质地坚硬且粗纤维含量较高的种子外壳颖苞，用整粒大麦饲喂牛时，在牛粪中可以看到较多的整粒大麦。大麦的加工方法有蒸汽压片法、切割法、粉碎法和蒸煮法等多种。我国目前利用大麦的方法为粉碎法和蒸煮法。但实践表明，以蒸汽压片法和切割法能够获得更好的饲养效果。

1. 大麦的特性

据分析测定，大麦的脂肪含量低、不饱和脂肪酸含量高。这是大麦作为饲料的两大特性，其他饲料不能替代。在育肥后期饲喂大麦，可以获得洁白而坚挺的牛胴体脂肪。其机制如下：

第一，大麦成分中脂肪的比例较低，仅为 2%，而淀粉的比例却较

高，并且可以直接变成饱和脂肪酸。

第二，牛瘤胃在消化大麦过程中，能把不饱和脂肪酸和氢变成饱和脂肪酸。不饱和脂肪酸颜色洁白且硬度好，因此牛屠宰后胴体脂肪颜色白且坚挺。大麦本身又富含不饱和脂肪酸，叶黄素和胡萝卜素的含量都较低，故在育肥牛屠宰前 120 ~ 150 天，每头每天饲喂 1.5 ~ 2 千克大麦，能提高胴体和牛肉品质，此为其他饲料所不能的。

2. 大麦饲喂肉牛的效果

玉米、大麦、燕麦和小麦等都可以用作育肥牛的精饲料，但是由于加工方法的差异，饲养和经济效益也不同。

将玉米、大麦、燕麦和小麦采用不同的加工方法和不同的搭配比例饲喂肉牛，结果见表 5-8。

表 5-8　大麦与其他饲料喂牛效果比较

饲料种类	加工方法	始重/千克	日增重/克	日采食谷物量/千克	饲料报酬/千克
1/3 燕麦加 2/3 整玉米	整粒燕麦	452.6	876	6.58	7.56
	粗磨碎燕麦	452.6	935	6.63	7.10
	中磨碎燕麦	450.8	958	6.63	6.95
	细磨燕麦	451.7	885	6.63	7.49
大麦	整粒大麦	314.6	962	6.72	7.00
	细磨大麦	311.9	1022	5.68	5.54
小麦与玉米混合	整粒小麦	255.1	981	6.54	6.68
	磨碎小麦	251.5	835	4.36	5.23
	磨碎小麦 1/2	252.9	1167	5.99	5.13

上面的试验数据表明，大麦细磨碎后喂牛的效果好于整粒大麦喂牛；磨碎小麦 1/2 与整粒玉米混合后喂牛要比饲喂整粒小麦、磨碎小麦的增重效果好。大麦经过高温蒸汽、压成片状后喂牛的效果更好。

三、高粱

在国外高粱被用作育肥牛饲料的时间已经很长，被利用的品种也很多，但在我国利用高粱喂牛者却较少。其原因有 3 个：一是高粱产量水平低，因此种植面积少，总产量少，且酿酒业用量大；二是资源短缺造

成价格高，三是它含有较多有苦涩味的单宁，影响了它的适口性。虽然高粱作为育肥牛饲料有些缺陷，但是由于其富含能量，因此仍为育肥牛的上好饲料。高粱用来喂牛时必须进行加工，加工方法有碾碎、裂化、粉碎、挤压及蒸汽压片（扁）。高粱通过加工的作用，既破坏了成分中的淀粉结构，也破坏了胚乳中蛋白质与淀粉的结合，使得高粱的适口性得到改善，同时还可以提高高粱的营养价值15%左右。

高粱不能单一喂牛，与其他饲料配合效果较好。例如，高粱与玉米搭配喂牛效果较好（表5-9）。

表5-9　高粱与玉米配合喂牛的效果

项　　目	100%高水分玉米	高粱25%，玉米75%	高粱50%，玉米50%	高粱75%，玉米25%	高粱100%
日增重/克	1362	1430	1430	1453	1412
饲料报酬率（%）	2.751	2.546	2.656	2.642	2.878

以高粱75%、玉米25%的配合比例喂牛时增重效果较好；以高粱25%、玉米75%的配合比例喂牛时饲料报酬率较低。

四、能量饲料的其他加工方法

用于饲喂育肥牛的能量饲料一般都要进行加工，加工方法很多，各有优缺点。

（1）膨化法　将玉米、大麦、高粱等能量饲料放在一个容器内加热加压，饲料在高温高压下软化膨胀，当其喷出来时已经松软、芳香可口了。这样加工的饲料适口性好，提高了育肥牛的采食量，同时在加热加压过程中饲料中的淀粉被糊化，提高了育肥牛对饲料的消化率。

（2）微波化法　将玉米、大麦、高粱等能量饲料放在能够产生红外线微波的机器中，加热至温度高达140℃以上，再送入辊轴压成片状。饲料在红外线微波作用下，内部结构发生变化，提高了育肥牛饲料的消化率。

（3）烘烤法　将玉米、大麦、高粱等能量饲料放在专用的烘烤机器内加热，烘烤温度为135～145℃。经过烘烤的玉米、大麦具有芳香味，育肥牛的采食量有显著的增加。

（4）颗粒化法　将玉米、大麦和高粱等能量饲料先粉碎，而后通过特制制粒机制成一定直径的颗粒。此方法可依据育肥牛的体重大小压制

成直径大小不等的颗粒饲料，还可以在压制颗粒过程中添加其他饲料，提高颗粒料的营养价值。育肥牛采食颗粒料量要大于其他饲料量。

五、能量饲料料型及喂牛效果

生产中，牛的能量饲料料型有细粉状和颗粒状等。

1. 细粉状饲料

细粉状饲料是我国传统饲料料型，由能量饲料粉碎而成。生产设备较简单，生产成本较低是其优点。缺点是饲料呈粉末状后不利于牛采食，易造成牛的厌食而降低牛的采食量。育肥牛采食不到应有的饲料量，既影响了牛的增重，又增加了牛的饲养成本。

2. 颗粒状饲料

颗粒状饲料是把能量饲料粉碎后制成颗粒而形成的。

（1）颗粒状饲料的优点

1）对于饲料加工厂。①便于变更饲料配方。②有利于运输和降低运输成本。③改善饲料中一些营养物质的利用率。④便于包装和贮存。⑤减少有毒有害细菌的侵犯。⑥更大程度上保证饲料产品的优质。⑦便于在饲料内添加微量元素、维生素、保健剂、抗氧化剂。⑧减少尘埃。

2）对于饲养场。①便于运送、贮存与保存。②减少饲料的损耗量。③有利于饲料的分配。④能改善牛场的卫生条件。

3）对于育肥牛采食。①育肥牛采食踊跃，进而提高采食量。②杜绝牛挑剔饲料的毛病。③提高饲料的消化率、转化率。④提高增重速度。

（2）颗粒状饲料的缺点 颗粒状饲料的缺点主要表现在：①制作颗粒状饲料的设备成本要比制作粉状饲料设备的成本高18%～20%。②制作颗粒状饲料的成本要比制作粉状饲料的成本高8%～9%。③育肥牛饲喂颗粒状饲料后，提高育肥牛的增重不多，仅为0.5%～1.7%。④制造颗粒状饲料消耗能源（电）量大。⑤造粒模型易损坏。

第二节 蛋白质饲料

蛋白质饲料是指粗蛋白质含量在16%以上的饲料。蛋白质是生命的物质基础，是细胞体组织构成的主要材料，是构成牛肉的基本材料之一。育肥牛的日粮中缺乏（或不足）蛋白质饲料会降低牛的增重和饲料转化率。但是，日粮中蛋白质饲料比例过高，又会增加饲料成本及饲养成本。

很多种类蛋白质饲料可以满足育肥牛的需要，在育肥牛的配合饲料

中常选用的蛋白质饲料有饼类（棉籽饼、棉仁饼、葵花籽饼、菜籽饼、花生饼、亚麻籽饼、大豆饼）、豆科籽实类（蚕豆、豌豆、大豆）等。

一、棉籽饼

棉籽饼是带壳棉籽经过榨油后的副产品。笔者在以往的饲养实践中体会到，棉籽饼既具有蛋白质饲料的特性（含粗蛋白质24.5%），又具有能量饲料的特性（代谢能8.45兆焦、维持净能4.98兆焦、增重净能2.09兆焦），它还具有粗饲料的特性（含粗纤维23.6%）。由于棉籽饼含有较高的粗纤维，故在养猪生产中不能较多利用（在日粮配方中只占5%～7%），在养鸡生产中用量更低（在3%以下），但是棉籽饼却是育肥牛的优质蛋白质饲料，在育肥牛的日粮中可以大量搭配，因此在养殖业中棉籽饼是一种非竞争性饲料（彩图12和彩图13）。

1. 棉籽饼的使用方法

（1）浸泡法 用棉籽饼喂牛时，先将棉籽饼用水淹没浸泡4小时以上，喂牛时把水溶液倒掉。支持此方法的人认为通过浸泡可以去掉棉籽饼中的毒素。此方法的不可取处：其一，棉籽饼用水淹没浸泡时会有一部分水溶性营养物质溶解到水中，废弃水溶液，等于废弃了棉籽饼的部分营养物质，使棉籽饼的使用价值降低了，致使育肥牛的饲料成本增加；其二，浸泡后的棉籽饼再与其他饲料搅拌混匀难度很大；其三，在温度较高时浸泡棉籽饼易发酵变酸，降低牛的采食量，会延长牛的育肥期。

（2）粉碎法 将棉籽饼用粉碎机械粉碎。此方法也有不可取之处：其一，因棉籽饼带有部分棉絮（棉籽上带的），经粉碎后，棉籽饼变得松软成团，很难与其他饲料搅拌均匀，往往浮在配合饲料的表面；其二，部分棉絮会侵害牛鼻孔，诱发牛的呼吸系统疾病。

（3）直接饲喂法 直接将棉籽饼与其他饲料混合制成配合饲料喂牛。笔者在北京、山东、吉林、新疆、河北、安徽和山西等地广泛使用，取得很好的效果。

2. 棉籽饼喂牛效果及牛肉中的棉酚残留

育肥牛使用棉籽饼饲喂，以前曾有两点主要的担心：一是棉籽饼中的棉酚对育肥牛会有毒害；二是对育肥牛饲喂棉籽饼后牛肉中会不会累积棉酚而影响人们的健康。为此笔者做了一些有关的工作。

（1）棉籽饼喂牛试验

例一：1984年7月间，在北京市窦店村第一农场养牛场，养牛35

头，当时的棉籽饼价格只有玉米价格的1/5，为了养牛赢利，少用或不用玉米饲料，仅用棉籽饼及小麦秸，每天每头饲喂棉籽饼7~8千克，饲养期接近2个月，在饲养期内不仅没有发现病牛，牛出栏时膘肥体壮、毛色光亮。

例二：1990—1991年，在北京市望楚村农场肉牛育肥场，养牛121头，由体重180千克开始育肥，当育肥牛体重达580千克时结束。育肥期内肉牛的饲料配合比例，棉籽饼占25%~35%，在长达16个月的育肥期中，没有发现中毒病牛。121头牛全部屠宰，逐头检查心脏、肝脏、肺脏、脾脏、胃、肠、肾脏和膀胱，均没有发现异常。

例三：1995年9月间，在北京通州区一个育肥牛场，养牛200头，由体重280千克左右开始育肥。笔者以棉籽饼为主，饲料配方为（以干物质为基础）：棉籽饼58%、青贮玉米22.3%、醋糟19.7%，外加石粉0.1%、食盐0.2%。经过40天的饲养，没有牛发生棉酚中毒，并获得较好的饲养效果。

从以上的资料可以证明，棉籽饼无须处理即可直接饲喂育肥牛，安全可靠，对牛不会产生毒害。

（2）牛肉中的棉酚含量 虽然以上养牛的实践资料已经证明活牛或屠宰后脏器视觉检查未发现有棉酚中毒的病变。但是牛肉和脏器是否累积棉酚，棉酚量有多少，这仍然是人们十分关心的问题。为使人们食用放心牛肉，进一步测定牛肉和脏器中的棉酚含量很有必要。为此，我们采用随机法取牛肉和脏器样品，送到有关单位进行检测。检测到的棉酚含量为0.0035%~0.0051%。此含量远远低于我国卫生部1985年规定的棉籽油中棉酚的允许含量（≤0.02%）。从上述测定结果看，人们无须担心食用用棉籽饼喂养的牛肉会发生棉酚中毒。

二、葵花籽饼

葵花籽饼是葵花籽经过榨油后的副产品。葵花籽盛产在北方，因此在北方地区葵花籽饼产量较多。葵花籽饼也是育肥牛较好的蛋白质饲料。葵花籽饼的价格比棉籽饼、大豆饼的价格便宜；饲喂前无须做任何再加工，就可以与其他饲料搅拌混匀喂牛；牛喜欢采食葵花籽饼。在生产实践中使用葵花籽饼时需要注意以下2点：

第一，由于葵花籽饼在制作过程中残留的脂肪量较大，并且燃点低，在存贮过程中极易自燃，因此在堆放葵花籽饼时要采取防火措施，务求

通风良好，堆码不能太厚，并且要经常检查。

第二，葵花籽饼含蛋白质量较多，但是葵花籽饼增重净能值只有0.04兆焦/千克，在配制育肥牛配合饲料时，必须和增重净能值高的饲料配合使用，才能获得较为满意的增重效果。

三、菜籽饼

菜籽饼是用油菜籽榨油后的副产品。菜籽饼因含有芥子苷或称含硫苷毒素（含量在6%以上），而未能在养殖业上得到广泛利用。在育肥牛的饲养中也因需要浸泡去除毒素、浸泡后的菜籽饼与其他饲料搅匀较难等，而未被充分利用。笔者认为菜籽饼最有效的利用办法是与青贮饲料混贮，在制作青贮饲料时将菜籽饼按一定比例加到青贮原料中，入窖发酵脱毒。

四、胡麻饼（亚麻籽饼）

胡麻在我国华北北部、东北、西北地区种植较多。胡麻饼是胡麻的籽实榨取油脂以后的副产品，味香，牛喜欢采食。由于胡麻籽实在加热榨取油脂过程中，一些耐热性较差的维生素、氨基酸被破坏较多，因此在编制饲料配方时，胡麻饼的比例不宜太高，以10%的比例较好。另外，饲喂量太多会使育肥牛的脂肪变软，降低胴体品质。

五、其他饼类

大豆饼、花生饼和棉仁饼等，虽然都是育肥牛的优质蛋白质饲料，但是由于其价格贵、饲养成本高，因而不被养牛户所选用。

六、提高蛋白质饲料利用率的措施

肉牛快速育肥时使用的蛋白质饲料虽然大多数不是竞争性很强的饲料，但是在蛋白质饲料短缺的我国，育肥牛采用的蛋白质饲料价格仍然较高，因此减少蛋白质饲料的使用量或提高蛋白质饲料使用效果，都会降低养牛成本，增加养牛利润。提高蛋白质饲料使用的技术措施有：

1）减少蛋白质在牛瘤胃内的降解，使尽量多的蛋白质达到被消化吸收部位，提高消化吸收率。采用包埋技术，即对蛋白质饲料外层进行处理，如利用甲醛处理蛋白质饲料可降低蛋白质饲料在牛瘤胃内的降解量。

2）饲料配方设计时尽可能计算正确。

3）按育肥牛的增重和体重情况经常调整饲料配方中蛋白质饲料的

比例，减少蛋白质饲料的多余支出。

4）多用能替代、价格低、来源广的饲料，如棉籽皮、棉籽壳等。

5）合理调制方法。有的生蛋白质饲料含有抗胰蛋白酶，影响蛋白质饲料的利用，而蛋白质饲料的熟化过程能破坏胰蛋白酶的活性（如大豆），提高利用率，减少损失。

6）改进贮存技术，减少霉烂、酸败、变质。

第三节 糠麸饲料

用于育肥牛的糠麸饲料主要有麦麸、米糠、米糠粕、大豆皮、高粱糠、玉米胚芽饼和玉米皮等。

一、麦麸

麦麸是麦类加工面粉后剩余物的通称。在育肥牛日粮中常用的麦麸饲料为小麦麸，俗称麸皮。

麦麸是中原地区牛的主要饲料，利用秸秆、麦麸加水在饲槽内搅拌后任牛采食。其实此法并不科学，但是已在当地成为习惯。

麦麸饲料有含磷多、具有轻泻性的特点，因此在利用麦麸饲料时要牢牢记住它的特性。

在架子牛经过较长时间的运输到达育肥场时，笔者常在清水中加麦麸（为水量的5%～7%），供牛饮用，一连3天，对恢复架子牛的运输疲劳很有作用。在架子牛经过较长时间的运输，到达育肥场后的5～7天，使喂牛的配合饲料中麦麸比例达30%左右，有利于架子牛轻泻去“火”，排除因运输应激反应产生的污物，并对尽快恢复正常采食量有积极的作用。

但是在架子牛的育肥后期，麦麸饲料的饲喂量不能过大，主要原因是麦麸富含磷及镁元素，育肥牛采食过量的磷及镁元素后会导致牛尿道结石症。在育肥牛催肥后期（100天），麦麸饲料在日粮中的比例以10%左右为好。

二、米糠

米糠是碾制大米的副产品。因加工方法不同，米糠可分为细米糠和粗米糠。细米糠为去稻壳的糙米碾制成精白米的副产品。粗米糠则是未去稻壳加工精白米的副产品，并有脱脂米糠和未脱脂米糠之分。在饲喂育肥牛时，以脱脂米糠较好。因为未脱脂米糠含脂肪较多，当育肥牛采

食较大量的未脱脂米糠后会导致育肥牛腹泻，胴体脂肪松软，胴体品质下降。为避免此后果的产生，在配制日粮配方时以5%的比例比较安全。未脱脂米糠还有一个缺点，就是不能长期保存，因为未脱脂米糠极易发酵变质，产生哈喇味、影响适口性。

米糠脂肪成分中含不饱和脂肪酸，其中的必需脂肪酸含量达47%多，对提升或改善牛肉味道有积极意义。

三、大豆皮

大豆皮是采用去皮浸提油脂加工大豆的副产品，这是近几年新增加的糠麸饲料，无须加工便可喂牛，育肥牛喜欢采食。

大豆皮平均含干物质90%，粗蛋白质12%，粗纤维38%。

用大豆皮饲喂育肥牛的效果：据一些试验研究报道，在给育肥牛饲喂高粗料日粮时，大豆皮饲养效果要好于无大豆皮的高精料日粮。但当精饲料含量达到50%时，用大豆皮饲养的育肥牛平均日增重、增重效率就不如无大豆皮的高精料日粮了。

四、玉米胚芽饼

玉米胚芽饼是玉米的胚芽榨取玉米油以后的副产品，味香，育肥牛十分喜欢采食，无须加工就可以与其他饲料搅拌均匀后用来喂牛。

五、玉米皮

玉米皮是用玉米制造淀粉、酒精时的副产品。玉米皮作为饲料具有能量较高、价格便宜的优点，但是在使用时务必注意含铁杂物的去除。

第四节　粗饲料

粗饲料是指在肉牛的饲料中，松散、体积大、重量轻、质地硬、营养价值低、消化率低的饲料，种类较多。粗饲料虽然营养成分含量较低，但是它不仅是育肥牛重要营养物质的来源，能够改变瘤胃发酵类型，而且在牛的消化道中有填充容积的作用，能减少牛的饥饿感，并能刺激胃肠蠕动、调节排泄。没有粗饲料就不可能养好牛。育肥牛可以采食的粗饲料种类很多，如玉米秸、麦秸、稻草、牧草和野草等。

一、玉米秸

玉米秸为收获穗棒后的玉米植株，经风干后粉碎，是育肥牛较好的粗饲料。肉牛消化玉米秸粗纤维的能力为50%～65%。玉米秸加工方

法：笔者采用两机联合作业，铡草机一台、粉碎机一台（两机功率相同），铡草机在前，粉碎机在后，铡草机喷出的碎草正好落在粉碎机的入口处，进入粉碎机后被粉碎成0.5～1厘米长的玉米秸饲料。

二、麦秸

麦秸分为小麦秸、大麦秸、燕麦秸、荞麦秸等几种。各种麦秸加工方法基本相同，在喂牛时，根据其营养成分确定在配方中的比例。比较而言，燕麦秸的饲用价值高于其他麦秸。

在小麦产区，小麦秸是育肥牛的主要粗饲料资源。收集小麦秸时最好用打捆机打捆，每捆长600～1200毫米、宽460毫米、厚360毫米。这样，既省事效率又高，还便于搬运贮藏。小麦秸的加工：用粉碎机粉碎成0.2～0.7厘米长，即可和其他饲料混合均匀后喂牛。有的农户用辊（磙）压法将小麦秸压扁压软，或者用揉搓机将已铡短的小麦秸揉搓变软，更便于牛采食。大麦秸的蛋白质含量比小麦秸高。

三、稻草

水稻种植区，稻草是育肥牛粗饲料的主要资源。据测定，牛对稻草的消化率为50%左右。稻草中有效成分如蛋白质含量都较低。稻草的加工以采用铡短（长1厘米左右）或揉搓两种方法较好，不宜粉碎成粉状喂牛，因为稻草粉易堵塞牛鼻孔，而且易结块。可以将稻草打成捆，挂在牛舍内由牛自由撕食，但是浪费较多。

四、苜蓿干草

苜蓿草为多年生豆科牧草。苜蓿草品种较多。苜蓿干草富含蛋白质（20%左右），是育肥牛的优质粗饲料。但是，苜蓿干草品质很大程度上取决于收割后的烘干条件。优质苜蓿干草颜色青绿，叶茎完好，有芳香味，含水量为14%～16%。苜蓿干草含钙量较高，在配合育肥牛的日粮时要注意磷的补充。在当前我国农业结构调整中，种草养畜是十分重要的内容，其中苜蓿草占有重要的地位。

五、披碱草

披碱草为多年生草本，有冷季型和疏丛型之分。须根发达，密生，秆直立，基部节稍膝曲；叶片呈条形，扁平；穗状花序较紧密；颖果，长圆形，顶端延伸成向外反曲的长芒；对土壤要求不严，耐瘠薄，耐寒，能适应北方各种类型的土壤，但更喜欢湿润和排水良好的土壤。分布于

哈尔滨、沈阳、北京、太原、成都一线以西的广大地区。

披碱草主要做刈割调制干草之用，以营养价值最高的抽穗期刈割为宜。在旱作条件下，一年只能刈割1次。亩产干草150～400千克。为了不影响越冬，应在霜前一个月结束刈割，留茬以8～10厘米为好，以利再生和越冬。大面积披碱草可采用割草机刈割，刈割后的草应快速干燥后上垛。注意防止遭雨霉烂。调制好的披碱草干草，颜色鲜绿，气味芳香，适口性好，马、牛、羊均喜食。绿色的披碱草干草制成的草粉也可喂猪。青刈披碱草可直接饲喂家畜或调制成青贮饲料喂饲。

六、其他粗饲料

除上述粗饲料外，其他农作物籽实脱壳后的副产品也可作为饲料，如谷壳（谷糠）、高粱壳、花生壳、豆荚、棉籽壳和秕壳等。除稻壳和高粱壳外，其他荚壳类的营养成分均高于秸秆。

另外，甘薯、马铃薯、瓜类藤蔓、胡萝卜缨、菜类副产品、向日葵茎叶和盘等，均可作为育肥牛的粗饲料。

七、粗饲料的调制

采取不同的调制方法，可将粗饲料调制成多种类型的饲料。

（1）秸秆微贮饲料　秸秆微贮饲料，是指秸秆加入微生物高效活性菌种——秸秆发酵活干菌后，在密封的池（窖）内，经过一定的发酵过程，使秸秆变成具有酸香味的饲料。这是提高粗饲料利用效率的方法之一。

（2）氨化粗饲料　氨化粗饲料，是指利用氨源（液氨、尿素和碳酸氢铵等）经过化学处理的粗饲料，是提高粗饲料利用效率的方法之一。

（3）碱化粗饲料　碱化粗饲料，是指采用苛性钠（氢氧化钠）溶液处理的粗饲料，如碱化麦秸、碱化玉米秸、碱化稻草等。进行碱化处理也是提高粗饲料利用效率的方法之一。

第五节　酒糟、粉渣饲料

酒糟类、粉渣类饲料，包括白酒糟、啤酒糟、玉米淀粉渣、白薯（红薯、甘薯）渣、甜菜渣、醋糟、酱油渣和豆腐渣等酿造业、制糖业、加工业的副产品。育肥牛使用上述副产品饲养，既经济（饲料成本低）又实惠（育肥牛增重好）。

一、酒糟

我国白酒酿造业发达，每年酿造白酒几千万吨，其副产品的产量多

达亿吨。酒糟是育肥牛的上等粗饲料和诱食剂饲料。但是由于酿造白酒时选用的原料种类、掺加辅助料种类及发酵过程千差万别，因此白酒糟的营养价值也有较大的差别。在配制育肥牛的饲料时应该首先测定酒糟的营养成分，然后设计配方。采用酒糟喂牛要特别注意在喂牛的饲料中补加维生素 A（粉剂）或定期给育肥牛注射维生素 A 液。

酒糟极易酸败、发霉而变坏，生产中最好是当天购买当天用完，但需贮存2~3 天才能用完的牛场较多。为防止酒糟发酵酸败，可采取以下贮存方法：①砌水泥池若干个，将酒糟装入水泥池内，厚度30 厘米左右压实1 次，越实越好。顶部用塑料薄膜封闭，不能透风；还可以在池顶部加水，使酒糟与空气隔绝。农户可以用水缸贮存酒糟，还可以挖土坑（铺垫塑料薄膜）贮存酒糟，也可以采用厚塑料薄膜制作的塑料袋贮存酒糟。②采用烘干设备，烘干贮存；在少雨季节利用太阳光晒干贮存。

育肥牛长期饲喂酒糟时，牛粪便稀软且呈黑色。应增加清扫粪便的次数，保持牛舍清洁。

二、啤酒糟

啤酒糟是啤酒生产过程中的副产品，含有丰富的营养物质（表5-10）。啤酒糟含水量在80%以上，属于高水分饲料，因此贮存保鲜非常困难。

表5-10　干啤酒糟的营养成分

干物质（%）	脂肪（%）	粗纤维（%）	灰分（%）	粗蛋白质（%）	钙（%）	磷（%）	钾（%）	代谢能/(兆焦/千克)
91.90	7.10	15.40	4.00	26.40	0.12	0.50	0.08	10.00

育肥牛喜欢采食啤酒糟，而且其价格较低，所以大多数养牛场都愿意用啤酒糟饲喂育肥牛。用啤酒糟饲喂育肥牛的方法有以下3 种：

（1）直接喂牛　育肥牛饲喂新鲜的啤酒糟，应先将啤酒糟与其他饲料混合，搅拌均匀后喂牛。单槽养牛时，也可以先饲喂啤酒糟，然后饲喂其他饲料。每天每头育肥牛饲喂啤酒糟的数量为15~20 千克。饲喂啤酒糟过量，会影响育肥牛的采食量，继而影响育肥牛的增重，延误出栏时间，加大饲养成本。

（2）贮存后喂牛　啤酒糟的贮存方法类同于白酒糟，不过要把含水量调节至65%~75%，添加的辅助饲料有能量饲料、粗饲料和糠麸饲料等。

（3）脱水后喂牛　啤酒糟的干燥方法与白酒糟类似。

无论采用哪种方法利用啤酒糟，都会给养牛户带来较好的饲养效益。尤其在高精料饲喂育肥牛时，利用干啤酒糟防治肝脓肿有较好的作用。育肥牛没有饲喂干啤酒糟，干粗饲料量只占日粮的5%、10%和15%，肝脓肿的发病率相应为38%、32.6%和32.3%；在另外的一次试验中，粗纤维占3.6%~5%，玉米等能量饲料占80%~90%，饲喂干啤酒糟10%~20%，试验牛未发现肝脓肿病例。

三、玉米淀粉渣

用玉米粒加工提取淀粉、酒精等产品后的剩余物，称为玉米淀粉渣。这是近年来迅速发展的玉米加工业产物，为饲养业新增加了饲料来源。

用玉米提取酒精为主时的副产品，称为玉米酒精渣。新鲜的玉米酒精渣为黄色，含水量为74%左右。干物质中含有粗蛋白质29.82%、钙0.21%、磷0.38%。在编制育肥牛饲料配方时，玉米酒精渣的比例为8%~10%，以鲜重为基础时的比例为15%~20%。烘干（含水量为14%~16%）后的玉米酒精渣具有芳香味，育肥牛喜欢采食，因此以烘干贮存为上策。

四、红薯粉渣

红薯（白薯、地瓜、甘薯）粉渣是新鲜红薯制作红薯淀粉以后的副产品。新鲜红薯粉渣含水量为75%~80%。其颜色由红薯本色而定，白色或黄色。红薯粉渣营养成分较差，以粗饲料作为育肥牛的填充物。以厌氧贮存较好。

五、甜菜渣

甜菜渣是甜菜制糖工业的副产品，为育肥牛的优质饲料。我国东北地区、西北地区和华北地区甜菜种植面积较大。

保存甜菜渣的方法有冷冻成块（寒冷地区利用自然条件）法、制成颗粒（甜菜干粕）法、厌氧贮藏法和保鲜法，各种保存方法中以制成颗粒法效果最好，保存成本以保鲜法最低。

（1）营养成分　甜菜干粕的含水量为10%~11%；成型率为99%，杂质小于1%，粗蛋白质含量为9%~9.5%，代谢能为9.83兆焦/千克，维持净能为6.23兆焦/千克，增重净能为3.47兆焦/千克，可消化粗蛋白质50克/千克，钙0.96%，磷0.34%。

（2）饲养效果 用甜菜干粕40%替代玉米，饲喂育肥牛的试验取得了较好的增重效果和经济效益。下面的资料是笔者的试验结果。

试验牛开始体重为301.9千克，试验期为99天。分2个阶段，用不同的饲料配方。1~55天的日粮配比为：玉米粉24.8%，棉籽饼14.5%，甜菜干粕40%，玉米秸粉20%，食盐0.3%，石粉0.2%，添加剂0.2%。56~99天的日粮配比为：玉米粉38.9%，棉籽饼7.2%，甜菜干粕40%，玉米秸粉13.2%，食盐0.3%，石粉0.2%，添加剂0.2%。试验牛结束体重平均为411.2千克，平均日增重1104克。饲料报酬（千克饲料/千克活重）为：玉米粉3.22，棉籽饼1.41，甜菜干粕3.84，玉米秸1.8。

六、玉米酒精蛋白饲料

玉米酒精蛋白（DDGS）饲料，可分为干玉米酒精蛋白饲料和湿玉米酒精蛋白饲料两种，前者的含水量小于12%，后者的含水量为70%~80%。

第六节 青贮饲料

用于育肥牛的青贮饲料主要有全株玉米青贮饲料、青玉米穗青贮饲料、大麦青贮饲料、红薯青贮饲料、高粱青贮饲料、牧草青贮饲料和野草青贮饲料等。各种青贮饲料制作方法类同。下面以制作全株玉米青贮饲料为例，介绍青贮饲料的制作条件、工艺过程、成本、质量检测和注意事项等。

一、全株玉米青贮饲料与青玉米穗青贮饲料

全株玉米青贮饲料系指将全株玉米青割、切碎、青贮发酵而成的饲料。当玉米生长期进入乳熟后期、蜡熟前期时，将整株玉米齐地青割，加工切碎（长度为1~2厘米），入窖压实，密封，使其在无氧条件下完成乳酸菌发酵的过程。青贮饲料为肉牛育肥中最常使用的优质发酵饲料。青玉米穗青贮饲料是指将乳熟中、后期的玉米穗切碎进行青贮发酵而成的饲料。

青贮饲料制作成败的关键因素是青贮原料的含水量（最佳含水量为75%）、压实（尽量减少青贮原料中的空气量）、密闭（造成无氧环境，以便乳酸菌繁殖）和制作时间（开始制作至密闭时间以1~3天较好）等。

1. 全株玉米青贮饲料的制作

（1）制作前的准备工作

1）青贮窖（壕）的准备。

① 青贮窖（壕）的形状。养牛规模较大时用青贮壕，青贮壕为长方形；养牛规模较小时用青贮窖，青贮窖一般为圆形，直径为 2～3 米。

② 青贮窖（壕）的深度。要依当地地下水位而定，地下水位低时青贮窖（壕）的底部可以达 2 米，地下水位高时青贮窖（壕）的底部应在地下水位之上。根据笔者实践经验，以地上青贮壕（青贮壕底建在自然地面上）较为实用，易排水、易取料。

③ 青贮壕的长度、宽度。青贮壕的长度为 40 米、50 米、60 米、70 米不等，青贮壕的宽度以 4～6 米较好；地上青贮壕以联体式建筑为好，既省地又省建筑费用。

2）准备塑料薄膜。塑料薄膜用于封盖青贮窖（壕）。

3）准备添加剂。添加剂包括助发酵剂、尿素、水（调节水分）和干草。

4）准备压实设备。履带式拖拉机。

（2）收获与切碎　青贮玉米的收获期，在玉米生长期的乳熟后期、蜡熟前期。我国的中原地区、华北地区春播玉米，每年的 8 月初即可收割，用来制作青贮饲料；麦茬玉米则在 9 月初至 9 月末收获。此时，青贮玉米原料的含水量为 70%～75%，正是制作青贮饲料最好的含水量标准。如果含水量高于 80%，制作青贮饲料时要在青贮原料中添加含水量低的干粗饲料。添加干粗饲料的多少，由青贮原料实际含水量而定；如果含水量低于 65% 时，则应在青贮原料中加水，加水量的多少由青贮原料实际含水量而定。

用作育肥牛的青贮玉米，其收获期与用作奶牛青贮玉米收获期有些差别，前者要求能量多一些。

收获方式：采用牵引式或自走式青贮玉米专用收割机械收获（彩图 14），青贮原料切细长度为 1～2 厘米。在个体或规模较小的育肥牛场，购买青贮饲料专用收割机械有一定的困难，可以购置小型青贮饲料切碎机，将整株玉米收割、运输到青贮窖边，切碎后制作青贮饲料（彩图 15）。

（3）运输　青贮玉米收割机收获的青贮原料，由辅助车辆（自卸式拖拉机）运输到青贮窖（壕），并卸入青贮窖（壕）。

（4）称重 为了计算青贮饲料成本和支付青贮原料费，在青贮原料入窖前应该进行称重。

（5）青贮玉米饲料的贮藏

1）压实。用履带拖拉机充分压实，尽量减少青贮原料间的空气。

2）加添加剂。在青贮原料中加入一定量的添加剂，有助于乳酸菌发酵，改善饲料品质。

3）密封。当青贮窖（壕）装满青贮料并压实、铺平后，应立即用塑料薄膜将青贮窖（壕）密封，塑料薄膜上可再压些碎土或废轮胎或作物秸秆，使青贮原料保持紧实，避免空气进入。

2. 青玉米穗青贮饲料制作

青玉米穗青贮饲料的制作方法和全株玉米青贮饲料的制作方法基本相同，其不同处是仅贮存玉米穗不贮存玉米植株。其制作工艺与全株玉米青贮饲料一样，可以参照进行。

3. 青贮原料的来源

绝大多数牛场自身并不种植玉米，应与当地县（市）、乡（镇）村农民协商，由农民种植玉米，养牛场收购。具体做法如下。

第一，制作青贮饲料前，由县（市）科技部门和乡（镇）村科技人员及企业派出人员组成测产小组，测定产量。

第二，制订玉米价格，以质定价，以产量计价。

第三，订单农业。订单农业的主要内容有：①定玉米品种。②定玉米播种面积。③定播种时间。④定收获时间。⑤不定产量（为鼓励高产）。⑥玉米价格随行就市。⑦定付款时间。⑧定违约处理条款：由企业派出收获机械收获，收获费用由企业承担；收获完毕，即时付款；青贮饲料由育肥场收购。

4. 青贮窖（壕）的管理

（1）装窖 每一个青贮窖装料制作的时间，以24小时内完成为最好，最多不超过3天。

（2）压实 尽最大限度压实，排挤窖内空气。

（3）添加 在青贮原料中加入添加剂或调节物，提高青贮饲料的品质。

（4）封闭窖 装料、压实后应立即封闭窖。

（5）严实 封闭窖应做到不漏气。

（6）检查 窖封闭后3~5天，常检查有无漏气，一旦发现漏气，

及时封闭严实。

(7) 防雨淋　多雨季节要防止雨水冲淋，以免青贮饲料营养的损失。

(8) 防晒　夏季要防止太阳暴晒，以免二次发酵造成饲料营养的损失，影响牛的采食量。

5. 青贮饲料添加剂

可用作青贮饲料添加剂的种类较多。青贮饲料添加剂的种类、特点及添加量见表5-11。

表5-11　青贮饲料添加剂的种类、特点及添加量

类　别	名　称	特　点	添加量（青贮料量1%）
有机酸	甲酸 丙酸 丙烯酸 甲丙酸混合液	挥发性质，酸化，抑制梭状芽孢杆菌生长；较甲酸酸化力弱。抑制霉菌较甲酸酸化力弱，抑制梭状杆菌和霉菌30%和70%	0.5 0.5 0.5~1.0 0.5
无机酸	硫酸 磷酸	非挥发性，酸化	按说明书添加
防腐剂	甲醛 甲酸钠 硝酸钠	挥发性，抑制细菌生长，减少蛋白质的分解	按说明书添加
盐类	甲酸盐 丙酸盐	比甲酸酸化力弱 比丙酸酸化力弱	按说明书添加
糖类	糖蜜	刺激发酵	3%~10%
微生物接种物	乳酸杆菌 其他乳酸菌	刺激乳酸菌生长	按说明书添加
酶类	纤维分解酶 半纤维分解酶	分解纤维，细胞壁发酵，释放糖分	按说明书添加
非蛋白氮	尿素缩二脲 胺盐	补充蛋白质，提高青贮饲料粗蛋白质含量	0.5
水分调节物	干甜菜渣 粉碎谷物类 粉碎秸秆	调节青贮原料含水量(65%~75%)，防止青贮汁液流失，促进发酵	视原料含水量而定

6. 青贮饲料品质检验

（1）检验内容 青贮饲料品质检验包括以下内容：①颜色：上等，黄绿色、绿色；中等，黄褐色、墨绿色；下等，黑色、褐色。②酸味：上等，酸味较浓；中等，酸味少或中等；下等，酸味极少。③气味：上等，浓芳香味；中等，稍有酒精味、丁酸味，有芳香味；下等，臭味。④质地：上等，柔软稍湿润；中等，柔软稍干或水分稍多；下等，干燥松散、黏结成块。

（2）青贮饲料品质检验方法 ①青贮饲料的水分、粗蛋白质、总能、钙、磷、pH（以3.5~4较好）等由实验室测定。②青贮饲料的色、香、味一般由人们凭感官评定。

7. 青贮饲料的启用

青贮30天后便可启封用草。长方形的窖（壕）自一端开启。根据用量确定开窖宽度，逐段自上而下取用。一旦启封，必须每天取一层草，每次取草后用薄膜或草袋覆盖。所取的青贮饲料必须当天喂完，以防二次发酵，霉烂变质。每头牛每天的采食量按6~8千克，1个存栏量为2500头牛的育肥场，每天需要青贮饲料15000~20000千克。

二、黄贮饲料

玉米黄贮饲料是指将掰去玉米穗后的玉米秸秆利用青贮原理贮存的饲料。玉米黄贮是减少玉米秸秆贮存期损失量的有效措施之一。制作玉米秸秆黄贮饲料和青贮饲料的作业过程基本相同。有差别的是黄贮饲料的原料含水量低，因此制作黄贮饲料时要给原料加水，调整原料含水量在65%以上。注意变质为黑褐色的黄贮玉米秸，不能作为饲料喂牛（彩图16）。

第七节 矿物质饲料

矿物质饲料系指含有牛生长发育所需矿物质元素的饲料。肉牛体内的矿物质是组成牛体内组织器官不可缺少的成分，参与肉牛的新陈代谢活动，是保证肉牛生长发育、牛体健康的重要物质。

一、肉牛体内的矿物质

对牛的生长、发育和生产有重要作用的元素至少有20种。科学家把这20种元素分成4组：重要元素、大量矿物质元素、微量矿物质元素、

微量非矿物质元素，见表5-12。

表5-12 反刍家畜体内的矿物质元素

重要元素	大量矿物质元素		微量矿物质元素		微量非矿物质元素	
	元素	%	元素	毫克/千克	元素	毫克/千克
氧	钙	1.50	铁	20~80	氯	1500
碳	磷	1.00	锌	10~50	碘	0.3~0.6
氢	钾	0.20	硒	1.7	氟	0.01以下
氮	钠	0.16	铜	1~5		
	硫	0.15	钼	1~4		
	镁	0.04	锰	0.2~0.5		
			钴	0.02~0.1		

注：微量矿物质元素和微量非矿物质元素的数值是指元素在饲料中的水平。

二、矿物质对育肥牛的重要性

肉牛体内所有的体细胞、体组织和体液都含有不同数量的矿物质，可见它的重要性。矿物质的缺少或严重不足会导致育肥牛的生产力下降，甚至死亡。

（1）钙 钙元素是育肥牛骨骼组成的主要元素之一。钙元素在谷物类饲料中的含量较缺乏。育肥牛在缺钙时，会出现食欲不振、采食量减少及啃食砖、石、木头和土块等异物。用石灰石给育肥牛补充钙，比较经济实惠。

（2）磷 磷元素是育肥牛骨骼组成的主要元素之一。骨骼的80%是由磷酸钙组成的，肉牛体内磷量的80%在骨骼内。所以，磷元素对于肉牛骨骼乃至整个身体和生长都很重要。磷元素在谷物类饲料中的含量较丰富，尤其在麦麸中。当育肥牛缺乏磷元素时，也会出现缺钙时的食欲不振、采食量减少及啃食砖、石、木头和土块等异物现象。用麦麸补充磷和调节钙、磷平衡，简单易行。

（3）镁 镁元素是育肥牛骨骼组成的主要元素之一。镁元素在许多酶系统和蛋白质的分解与合成中是十分重要的活化剂。镁的不足会发生低镁血性抽搐症，步态不稳，到处乱撞。补充磷酸镁可以避免镁的不足。

（4）硫 硫元素是一些氨基酸的必需成分，硫元素缺乏时蛋白质的形成就会受到影响。一般育肥牛不会发生硫的缺乏，但是给牛饲喂含有

尿素的饲料时要补充硫元素。用硫的盐类补充较好。

（5）钠 钠是血浆的重要组成部分，在机体软组织周围有很多分布。钠可以帮助控制肉牛体内的水平衡。育肥牛缺少钠元素时，食欲下降，啃食泥土、砖块，喝尿液。在饲料中添加食盐或在牛舍内放置由多种矿物质制成的肉牛专用添加剂，就可补充钠元素。

（6）钾 钾和钠、氯共同完成育肥牛体内水分的平衡，在能量代谢过程中是一种必需元素。饲料中很少发生钾元素的缺乏，但是在较大量利用酿造业的副产品，如粉渣一类饲料时，易发生钾的缺乏。钾缺乏时也会影响能量饲料的消化，最终影响生长。用多种矿物质制成的肉牛专用添加剂，就可补充钾元素。

（7）铁 铁元素是育肥牛血液中血红素成分的重要组成部分，也是几种酶的构成物质。饲料中很少发生铁元素的缺乏，只有在土壤中缺铁地区生长的作物作为饲料时会发生铁的缺乏。发生缺铁时，育肥牛会发生贫血症（组织苍白色）、生长受阻。补充铁元素的方法是：每千克饲料加入含1个结晶水的硫酸亚铁40毫克，或者喂用多种矿物质制成的肉牛专用添加剂也可补充铁元素。

（8）碘 碘元素是育肥牛甲状腺体的重要组成部分。育肥犊牛发生碘缺少时，引起牛的甲状腺肿大、体质虚弱，严重时导致牛的死亡。用多种矿物质制成的肉牛专用添加剂就可补充碘元素。

（9）铜 铜元素是能量代谢酶的一个重要组成部分，它对牛骨骼的形成、血红蛋白的产生、皮肤色素的沉着、毛发的生长都很重要。育肥牛发生铜元素缺乏时，皮毛变得干燥、粗糙，易脱落。严重时会发生腹泻，出现贫血症状，食欲下降。补充铜元素的方法是：每千克饲料加铜4毫克，或者喂用多种矿物质制成的肉牛专用添加剂就可补充铜元素。

（10）锰 锰元素对育肥牛骨骼的形成和肌肉的发育有重要作用。多数种类饲料中锰元素的含量能够满足育肥牛的需要，当饲喂青贮饲料（特别是玉米青贮料）的量较大时，会发生锰元素的缺乏。育肥牛日粮中锰元素含量影响育肥牛的屠宰成绩。据报道，用3组含锰水平的日粮（一组39.2~40.9毫克，二组189.4~375.1毫克，三组379.2~708.9毫克）饲养育肥牛，从6月龄开始，18月龄结束，3组育肥牛的屠宰成绩见表5-13。

表 5-13　日粮中锰元素水平及育肥牛屠宰成绩

指 标 组 别	一组	二组	以一组为 100%	三组	以一组为 100%
育肥结束时的体重/千克	483.0	461.0		450.0	
屠宰前体重/千克	431.0	453.0		440.0	
胴体重/千克	239.0	259.0		246.0	
屠宰率（%）	55.45	57.17	103.10	55.91	102.25
肾脂肪（内脂）重/千克	15.0	16.5		15.8	
肾脂肪率（%）	3.48	3.64	104.60	3.59	101.39
含肾脂肪胴体重/千克	254.0	275.0		262.0	
屠宰率（含肾脂肪）（%）	58.93	60.71	103.21	59.55	101.95

本试验结果显示，育肥牛日粮中锰元素含量为 189.4～375.1 毫克，可以提高育肥牛的屠宰率和肾脂肪重。

在饲养实践中，喂用多种矿物质制成的肉牛专用添加剂就可以弥补锰元素的不足。

（11）锌　锌元素在育肥牛体内有广泛的分布，它是育肥牛皮毛和骨骼生长发育的必需物质。缺少锌元素会使育肥牛出现牛皮肤角质化、皮毛粗糙、口鼻发生炎症、关节僵硬等症状。补充锌元素的方法：每千克饲料添加锌 30～40 毫克，或者喂用多种矿物质制成的肉牛专用添加剂也可补充锌元素。

（12）钴　钴元素对牛胃肠中利用微生物形成维生素 B_{12} 起关键作用。育肥牛缺乏钴元素时，使已进入牛体内的维生素 A、维生素 D、维生素 C、维生素 E 的消化率下降，影响蛋白质的合成和铜元素的利用。补充钴元素的方法：每头每天添加钴 0.3～1 毫克；或将用多种矿物质制成的肉牛专用添加剂，按说明书要求添加在饲料中；或将用多种矿物质制成的肉牛专用添加剂制成的舔块，放在饮水槽边任牛自由舔食。

（13）硒　硒元素具有抗氧化作用，它能阻碍氧化强度。硒对生物氧化酶系统起催化作用。硒元素对育肥牛体内细胞壁、细胞膜的有效生长有关。缺乏硒时育肥牛生长缓慢或停止，体重下降。补充硒元素要谨慎，因为硒元素有毒性。皮下注射长效硒酸钡安全可靠，注射剂量为每千克体重 1 毫升，一次注射可以持续有效 4 个月。即将屠宰的牛不要注

射，注射过的牛屠宰后要将注射点去掉。

(14) 氯 氯元素和其他元素结合形成氯化物，最有代表性的为氯化钠。缺少氯元素会造成牛不健康、食欲不振和体重的下降。补充食盐就可以补充氯元素。

三、矿物质需求量

不同体重阶段，不同增重速度，对矿物质有不同的需求量。育肥牛日粮中矿物质元素供应量可参考表5-14。

表5-14 育肥牛日粮中矿物质元素供应量

矿物质元素名称	每千克日粮（以干物质为基础）中的含量
锌	30~40毫克
铁	80~100毫克
锰	1~10毫克
铜	4毫克
钼	0.01毫克
碘	0.08毫克
钴	0.3~1毫克
硒	0.1毫克
钾	0.6%~0.8%
食盐	0.2%~0.3%
钙	0.44%~0.36%
磷	0.22%~0.18%
镁	0.18%
硫	0.10%

四、矿物质的相互作用

育肥牛体内的矿物质不是孤立的，因为一种矿物质量的多少，对另一种矿物质的作用会产生增大或缩小的效果。例如，钙和磷之间的比例为（1~2）:1，钙的比例超出或不足时，就会影响牛对钙或磷的吸收利用。又如，育肥牛体内水的平衡是由磷、钙、镁协同作用的结果，一种元素不足，就会影响育肥牛体内水的平衡。钴不足，铜元素也缺乏。

五、几种常用钙、磷饲料的成分

几种常用钙、磷饲料成分见表5-15。

表5-15 几种常用钙、磷饲料成分

名　称	含钙（%）	含磷（%）	含钠（%）	含氟/(毫克/千克)
石粉	36～38			
蛋壳粉	24.4～26.5			
贝壳粉	38.6			
碳酸氢钙（商业用）	24.32	18.97		816.67
碳酸氢钙	29.46	22.79		
过磷酸钙	17.12	26.45		
磷酸氢二钠		21.81	32.38	
磷酸氢钠		25.80	19.15	

六、动物体内必需矿物质的浓度

动物体内的矿物质元素多达55种，其中15种为动物体内必需的矿物质。在这15种矿物质中，又可依动物需求量的大小，将它们分为必需“大量”矿物质元素和必需“微量”矿物质元素（表5-16）。

表5-16 动物体内必需矿物质元素的浓度

大量矿物质元素		微量矿物质元素	
元素名称	体内浓度（%）	元素名称	体内浓度（%）
钙	1.50	钴	0.02～0.10
磷	1.00	铁	20～80
钠	0.16	锌	10～50
钾	0.20	锰	0.20～0.50
氯	0.11	铜	1～5
镁	0.04	碘	0.30～0.60
硫	0.15	硒	
		钼	1～4

七、矿物质的中毒量

在育肥牛饲养中，利用矿物质饲料得当，能获得较好的效益；如利

用不当，就会造成牛的矿物质中毒。美国、日本、苏联对此进行了较多的研究，并提出了中毒的标准，现介绍于表5-17，供参考。

表5-17　育肥牛矿物质需求量及中毒界限量

矿物质	需求量/(毫克/千克饲料)			中毒量/(毫克/千克饲料)	
	日本标准	美国标准	苏联标准	日本标准	美国标准
铜	4（育肥期）	5~7	7~10	100	115
钴	0.05~0.10	0.05~0.07	0.05~0.07	10	60
碘	0.10	0.50	0.25~0.30		
锰	1~10	16~25	35~40		2000
锌	10~30（育肥期）	9	40~45	1000（生长期）	1200
硒	0.05~0.10	0.10	0.10~0.40	5	3~4
铁		30~40	53~60		1000
钼			0.50~0.10		6
钾			7.0~7.5（克）		
钙			5.0（克）		
磷			2.60~2.70（克）		
镁			1.40~2.20（克）		
硫			3.0（克）		
铝					
食盐			4.0~5.0（克）		
氟			15~30		20~100

第八节　维生素饲料

有人称维生素为维持生命之素，需求量虽少，但不能缺少，因此在育肥牛的营养中有十分重要的作用。维生素可以分为脂溶性维生素和水溶性维生素两大类。也有人把维生素A、维生素D、维生素E称为育肥牛的必需维生素，由饲料补充。维生素K、维生素C和B族维生素在牛的瘤胃中能够合成。

育肥牛很少发生维生素缺乏症。因为育肥牛从采食的粗饲料、青饲

料、青贮饲料中很容易获得必需维生素 A、维生素 D、维生素 E。表 5-18 是部分饲料的维生素含量。

表 5-18 部分饲料的维生素含量

（单位：毫克/千克）

饲料名称	胡萝卜素	维生素 E	B 族维生素	胆碱
小麦	—	15.8	5.0	859
大麦	0.4	6.2	5.2	1050
燕麦	—	6.0	6.4	1100
玉米	4.0	0.4	4.2	570
大豆饼粉	0.2	3.0	6.6	2743
棉籽饼粉	—	1~6	0.7	920
乳清	—	—	3.7	900
干酵母	—	—	6.2	1310

在实际生产中必须记住以下几点：①当育肥牛长期采食大量白酒糟时，必须补充维生素 A。②在组织生产高档牛肉、优质牛肉或要求牛肉的颜色更鲜红时，补充维生素 E 会使养牛户和屠宰户都能获得满意的结果。补充量为每头每天 300 万~500 万单位。③在用高精饲料育肥牛时，饲料中胡萝卜素含量很少，要注意补充维生素 A。④黄玉米贮存时间过长，胡萝卜素几乎全部损失，要注意补充维生素 A。⑤强度育肥时，育肥牛增长迅速，极易发生维生素 A 的缺乏，要注意补充。⑥当前农作物使用氮肥较多，使植物中硝酸盐（亚硝酸盐）含量增多，影响维生素 A 的利用，也要注意补充。补充方法：①口服，每头每天 5 万~10 万单位。②注射，每头每月 150 万~200 万单位。

第九节 饲料添加剂

饲料添加剂系指在饲料加工、生产制作、使用过程中添加的少量或微量物质。用于育肥牛的添加剂种类很多，分类的方法也较多，归纳起来有长得多、长得快、省饲料型添加剂；健康、疾病少、低成本型添加剂；防腐、黏合、调味型添加剂等。使用添加剂的目的是达到育肥牛在正常、健康条件下长得好、长得快、低成本、高效益；对牛、对人、对环境无害。常用的育肥牛饲料添加剂有矿物质添加剂、维生素添加剂、

饲料药物添加剂、舔块（舔砖、舔石）、缓冲剂。

一、矿物质添加剂

矿物质添加剂的种类和规格较多，今后还有增加的趋势。各饲养用户在使用矿物质添加剂时，必须看清楚规格、型号、使用量等。矿物质添加剂的纯度、重金属及有毒物质含量见表5-19，供参考。

表5-19　矿物质添加剂的纯度、重金属及有毒物质含量

矿物质添加剂名称	矿物质或添加物的含量（%）	重金属含量/(毫克/千克)	砷含量/(毫克/千克)
乳酸钙	>98	20	4
碳酸钙	>95	10	5
磷酸一氢钾（干燥）	>98	20	2
磷酸一氢钠（干燥）	18~22	50	12
磷酸二氢钾（干燥）	27~32.5	20	2
磷酸二氢钠（干燥）	>98	20	2
磷酸二氢钠（结晶）	98~102	20	2
碘化钾	>98	10	5
碘酸钾	>99	10	
碳酸镁	40~43.5	30	5
氯化钾	>99	5	2
碳酸氢钠	>99	10	2.8
硫酸钠（干燥）	>99	10	2
硫酸镁（结晶）	>99	10	4
硫酸镁（干燥）	>99	10（铝）	5
碳酸钴	47~52	30（铝）	5
柠檬酸铁	16.5~18.5	20（铝）	4
琥珀酸柠檬酸钠	10~11	10（铝）	2
DC-苏氨酸铁	58~67	20（铝）	5
延胡索酸亚铁	13.6~15.7	10（铝）	5
碳酸锌	>96.5	30	5
硫酸铁（干燥）	57~60	40	3.3

（续）

矿物质添加剂名称	矿物质或添加物的含量（%）	重金属含量/（毫克/千克）	砷含量/（毫克/千克）
硫酸锌（干燥）	>80	20	10
硫酸锌（结晶）	99～102	10	5
硫酸锰	>95	10	4
碳酸锰	42.8～44.7	20（铝）	5
硫酸铜（干燥）	>85	20（铝）	10
硫酸铜（结晶）	>98.5	10（铝）	5
硫酸钴（干燥）	>87	20（铝）	10
硫酸钴（结晶）	98～103.0	10（铝）	5
氢氧化铝	33～36	10	10
磷酸二钙（饲用）	钙 28、磷 9.5		
磷酸二钙	钙 29、磷 20.3		
氯化铜	47.3		
碳酸铜	51.4		
乙酸铜	35.2		
氧化铜	79.9		
无水硫酸亚铁	36.8		
饲料级硫酸亚铁	36.8		
碳酸亚铁	48.2		
氧化铁	69.9		
氯化铁	34.4		
氯化锌	48.0		
乙酸锌	35.8		
氧化锌	80.3		
碳酸钴	49.6		
氯化钴	45.4		
乙酸钴	33.5		
氧化钴	78.6		

（续）

矿物质添加剂名称	矿物质或添加物的含量（%）	重金属含量/（毫克/千克）	砷含量/（毫克/千克）
一氧化锰	73.0		
二氧化锰	50.7		
亚硒酸钠	45.7		
硒酸钠	41.8		
硒化钠	63.2		
元素硒	79.0		
亚硒酸钙	47.3		

二、维生素添加剂

常用的维生素添加剂有维生素 A、维生素 E 和 B 族维生素。

1）注意正确使用与贮藏维生素添加剂。选用复合维生素添加剂时，要十分注意其含有的维生素种类，千万不要盲目使用。因此选购和使用维生素添加剂时，应注意其有效含量和效价，并合理折算。同一种类的维生素因形式不同，其稳定性也不同，为此在实际应用上要尽可能选用稳定型的维生素。

2）注意添加剂之间的相互作用。使用维生素添加剂时，应注意了解各种维生素的理化特性，重视饲料原料搭配，防止各饲料成分间的相互拮抗，如抗球虫药物与维生素 B_1；氯化胆碱与其他维生素等之间避免发生相互作用，出现破坏失效等理化反应。氯化胆碱有极强的吸湿性，特别是与微量元素铁、铜、锰共存时，会大大影响维生素的生理效价。所以一般不与其他的维生素一起预混，在使用时应独立添加。

3）严格按产品说明书使用或在技术人员指导下使用。

三、饲料药物添加剂

通常所说的饲料药物添加剂是掺入了载体或稀释剂的兽药预混物，包括抑菌促生长剂、抗球虫剂和驱虫剂，其目的是治疗和预防动物疾病。饲料中需要使用药物时，只能添加饲料药物添加剂，而不能添加原料药

或其他剂型的兽药。饲料药物添加剂和促生长剂是两个不同的概念，不能相互混淆。欧盟规定，自2006年1月1日起，所有抗生素作为饲料药物添加剂都停止使用，只能作为处方兽药使用。在我国，使用饲料药物添加剂应遵照《兽药管理条例》及《饲料药物添加剂使用规范》。

四、舔块（舔砖、舔石）

舔块（舔砖、舔石）是添加剂的另一种形式，将按肉牛生长发育需要添加的添加剂制成块状，钩挂在牛舍（牛围栏）内，任牛舔食。其优点是肉牛能根据自身对微量元素、矿物质等的需要舔食补充。使用中注意防止雨淋、掉落和破碎等损失。

五、缓冲剂

缓冲剂是保持瘤胃环境pH稳定的添加物。目前用于育肥牛的缓冲剂有碳酸氢钠、倍半碳酸钠、天然碱、氧化镁、碳酸氢钠-氧化镁复合物、丙酸钠、碳酸氢钠-磷酸二氢钾和石灰石等。缓冲剂的使用量见表5-20。

表5-20　缓冲剂的使用量

序号	缓冲剂名称	占混合精饲料百分比（%）	每头每天的用量/[5千克精饲料/(头·天)]
1	碳酸氢钠	0.7～1.0	35～50克
2	碳酸氢钠-氧化镁（1:0.3）复合物	0.5～1.0	25～50克
3	碳酸氢钠-磷酸二氢钾（2:1）	0.5～1.36	25～70克
4	丙酸钠	0.5	25克

第五章

第六章 育肥牛的饲料配方设计及日粮配制

第一节 设计饲料配方的依据

一、肉牛育肥期使用的营养需要标准

饲养标准是大量科学试验的产物，它对生产有重要的指导意义，是绝大多数情况下期望获得较高养殖成果所必须参考的。日粮拟定必须依据饲养标准，因为按照肉牛饲养标准拟定日粮，可避免盲目性，防止日粮中营养不足或过多，保证肉牛获得全面平衡营养，保证取得肉牛育肥的良好增重效果和效益，防止造成直接经济损失和浪费。

我国2004年颁布的中国肉牛饲养标准，科学规定了肉牛日粮干物质进食量及净能、小肠可消化粗蛋白质、矿物质元素、维生素等的每天需要量。具体内容见附录A。该标准列表介绍了育肥牛的每天营养需要量。

表中第一列是肉牛体重，体重在150~500千克的生长育肥牛，其每天营养需要量可直接在表中查到。

表中第二列是肉牛日增重，日增重在0~1.2千克的育肥牛的每天营养需要量可直接在表中查到。

表中第三列是肉牛每天干物质的采食量。其表示一定体重肉牛，要保持一定日增重，每天24小时内必须摄入的所有饲料的总数量。由于各种饲料含水量不同，即使同一种饲料，因产地不同、加工调制方法不同、采用部位不同等含水量也会有很大差异，因此在表示肉牛采食量时通常用干物质总量表示，即所有饲料含水量为零时的采食量的总数量。肉牛采食量的大小是衡量肉牛采食能力、饲料质量、增重效果的重要指标之一，饲料质量优良、适口性好，肉牛采食量就会增加。饲料含水量也会影响肉牛的采食量。只有较高的采食量才能获得较高的日增重。了解肉牛的采食量可以计算出肉牛增重的饲料成本，从而可了解饲料配方合适与否，增重效果如何，饲料喂量合适与否，这样就可根据实际情况及时

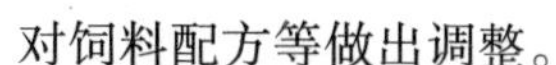

对饲料配方等做出调整。

表中第四列是每天对维持净能的需要量。其含义就是一定体重的肉牛在不增加体重也不减少体重的情况下，每天维持其自身正常生理代谢即维持生命所需要的能量。这种维持需要量随育肥牛体重的增加而增加，而且是每天必不可少的，其累积会使饲养成本上升，因此在育肥牛饲养过程中应尽量缩短育肥时间，达到减少维持需要量的支出，以降低饲料费用，提高饲养效益。在设计肉牛饲料配方时首先应满足维持需要量，然后再满足增重需要量。在生产中喂牛的饲料营养应先满足维持需要量，然后尽可能多地提供增重需要的营养物质，在一定范围内提供的增重需要的营养物质越多，增重的数量就越大，如果饲料的营养仅仅能满足育肥牛的维持需要量，那么饲养一段时间后肉牛的体重不会增加，这样养殖肉牛不仅不会产生效益，反而会亏损成本。

表中第五列是肉牛每天对增重净能的需要量，单位是“兆焦/天”。其含义是一定体重的肉牛不计维持净能，每天要增加一定的体重（肌肉、脂肪、骨骼、体组织等）所需要的净能数量。不同的体重、不同的日增重时，增重需要的能量差别很大。在设计肉牛日粮配方时必须保证日粮含有充足的能量，除了满足维持需要量之外，必须满足增重的能量需要量，否则肉牛的增重效果不佳。因此在肉牛饲料配制时，应根据肉牛所处的环境条件，如气温、清洁卫生、饲料质量、育肥牛的体质等最大限度地满足增重需要的能量，以获得最高的增重、较高的饲料报酬及良好的饲养效益。

表中第六列是肉牛每天对能量单位（RND）的需要量。生产中为了方便，将肉牛综合净能折合成肉牛能量单位。

表中第七列是肉牛每天对综合净能的需要量，单位是“兆焦/天”。其含义是一定体重的肉牛，要达到一定日增重，每天必须获得的总能量数量，它包括维持净能和增重净能两个部分，所以称为综合净能。其大小以综合净能多少焦耳等来衡量，这样使用比较方便。

表中第八列是肉牛每天对粗蛋白质的需要量，单位是“克/天”。其含义是一定体重的肉牛，要达到一定日增重，每天必须获得的粗蛋白质总数量。以饲料含的粗蛋白质来表示其数量。

表中第九列是肉牛每天维持小肠可消化粗蛋白质需要量，单位是“克/天”。其含义是一定体重肉牛，在不增重时，为维持自身生理代谢，每天必须获得的小肠可消化粗蛋白质的数量，即肉牛每天对蛋白质的维

持需要量，以小肠可消化粗蛋白质表示其需要量。

表中第十列是肉牛每天增重小肠可消化粗蛋白质需要量，单位是“克/天”。其含义是一定体重的肉牛，不计算其维持需要，要达到一定日增重，每天必须获得的小肠可消化粗蛋白质的数量，即肉牛每天对蛋白质的增重需要量，以小肠可消化粗蛋白质表示其需要量。

表中第十一列是肉牛每天小肠可消化粗蛋白质总需要量，单位是“克/天”。其含义是肉牛每天对蛋白质的维持需要和增重需要的综合量，即上述肉牛每天维持小肠可消化粗蛋白质需要量和肉牛每天增重小肠可消化粗蛋白质需要量的综合量，以小肠可消化粗蛋白质表示其需要量。

表中第十二列是肉牛每天对钙的需要量，单位是“克/天”。其含义是一定体重的肉牛要达到一定日增重，每天必须获得的总钙量。

表中第十三列是肉牛每天对磷的需要量，单位是“克/天”。其含义是一定体重的肉牛要达到一定日增重，每天必须获得的总磷量。

二、肉牛常用饲料成分

肉牛常用饲料成分是设计肉牛饲料配方的必备工具。我国现行的肉牛常用饲料成分与营养价值详见附录 B。

三、肉牛育肥期目标

肉牛育肥期目标的不同，会导致饲料配方设计的极大差异。肉牛育肥期的育肥目标，包括高档（高价）型肉牛、优质型肉牛、普通型肉牛，脂肪较丰富肉牛（适合美国餐饮）、非常丰富型肉牛（适合日本餐饮）和脂肪不丰富但牛肉嫩度上佳型肉牛（适合欧洲餐饮）等。不同目标类型的肉牛在育肥期需要设计不同的饲料配方。

四、肉牛育肥结束时达到的体重指标

肉牛育肥结束时达到的大体重牛和小体重牛，要设计符合其育肥期要求的饲料配方（也与育肥时间有密切关系），因此在设计饲料配方时，必须十分清楚育肥结束时要达到的体重指标。

五、肉牛的性别

目前，我国肉牛育肥的性别结构主要是去势公牛和公牛。去势公牛和公牛在育肥期的增重存在差别（增重速度相差 7% 左右），因此饲料的配方及饲料的饲喂量应有不同的指标。

六、肉牛的年龄

肉牛育肥时年龄的差别常常需要不同的饲料配方及饲料饲喂量。因此，设计饲料配方时必须了解育肥期内肉牛的年龄。

七、肉牛育肥时原有的体膘

肉牛育肥时原有体膘的肥瘦程度是设计饲料配方十分重要的参数，体膘肥的和体膘瘦的不能采用同一饲料配方。体膘瘦的牛以增重为主时，在设计饲料配方时能量、蛋白质指标可高一点，以获得较高的增重，因为较瘦肉牛育肥期具有补偿生长的潜力。体质体况好而体膘肥的肉牛育肥期内以沉积脂肪为主，在设计饲料配方时，能量指标应高一点，尤其在实施高价牛肉生产时。

第二节　肉牛育肥期配合饲料配方设计注意事项

用于肉牛的饲料，产地复杂，种类繁多，有些饲料不能喂牛，有些饲料要限量使用。因此，在设计肉牛育肥期配合饲料配方时应注意以下一些问题。

一、保证饲料的清洁卫生和安全性

饲料品质的优劣是影响牛肉质量的主要因素，饲料的安全和卫生是确保生产优质牛肉的前提条件之一，采用的饲料必须符合优质牛肉育肥的质量指标。因此，在设计配合饲料配方时，要严格注意被选饲料原料的品质，最好选用经有关部门检测合格的饲料。

二、饲料含水量要适宜

每种饲料都含有水分，有的饲料含水量高达90%以上，有的饲料含水量低于10%。国家有关行业规定，饲料的安全含水量为12%～14%，即饲料贮藏的安全含水量为12%～14%。

三、注意配合饲料中原料的品质

配合饲料中原料的品质包括外表和内部两个方面，外表品质指颜色、籽粒饱满度、杂质含量等，内部品质包括营养物质含量、含水量、有无有毒有害物质等。

原料质量是指饲料营养成分中能量、蛋白质、钙、磷等的含量。外表类同的饲料，能量、蛋白质的含量会有惊人的差异。

饲料中的杂质包括泥土、石块、铁钉、籽实皮和轴（玉米）等，饲

料中杂质越多，饲料质量越差。

饲料的安全性是指饲料中有毒有害物质，如砷、汞、铅、铬、镉等的含量。这些有毒物质的含量应在规定限量范围之内，而且是含量越少越好。

四、注意配合饲料营养的全价性

配合饲料有了较好的适口性，有了较低的成本和适宜的含水量，还应注意配合饲料营养的全价性，营养物的含量是否平衡，营养物之间有无拮抗作用。就目前我国饲料测试的手段和普遍性，还做不到对使用的饲料先测定后使用，只能尽量注意和参考饲料成分的全价性。

五、掌握配合饲料的消化率

要掌握和参考各种饲料的消化率。肉牛在育肥期，对各种饲料的消化吸收率有很大的差别，因此要选择肉牛容易消化吸收的饲料。

六、注意当地组成配合饲料的原料拥有量

配合饲料的原料运输费是增加饲料成本的主要因素之一。因此要最大限度地利用当地饲料资源，尤其是粗饲料，体积大、重量轻，给运输带来诸多不便并增加饲养成本。

七、注意配制后混合饲料的含水量

混合饲料的含水量与饲料含水量的含义不同。前者指经过计算能满足肉牛育肥期生长需要、按比例的各种饲料的混合物，这种混合物的含水量以50%较好，水分含量高会影响牛的采食量，水分含量低也会影响牛的采食量。

八、配合饲料要做到现配现用

由于配合饲料含水量较高（40%~60%），易发酵发热产生异味，造成肉牛采食量的下降，尤其在夏天。因此，配合饲料要现配现用，避免腐败变质造成浪费。

九、控制优质肉牛配合饲料中的叶黄素含量

在配制饲喂高档（高价）、优质肉牛的配合饲料时，必须注意饲料原料中叶黄素的含量。当叶黄素含量积聚到一定量时，会使肉牛体内脂肪颜色变黄，降低牛肉的销售价格，造成育肥牛户的直接经济损失。因此，在设计高档、优质肉牛的配合饲料配方中，尤其在最后100天左右时间要减少叶黄素含量高的干草、青贮饲料、黄玉米等的使用量。

十、考察饲料原料产地土壤微量元素含量情况

对饲料原料产地土壤中各种微量元素的含量进行考察，如有些地区土壤中不含硒元素或含量极少，这些地区生产的玉米（或大麦、小麦）籽粒及其秸秆中也缺少甚至不含硒元素。肉牛在育肥期内对硒元素在饲料中含量的多少反应非常敏感。饲料中硒元素缺少时，肉牛育肥期的生长下降；饲料中硒元素超量时，肉牛育肥期还会发生中毒死亡。

十一、掌握我国肉牛的增重速度

根据笔者实践经验，我国肉牛在300～550千克体重阶段内，在100～120天育肥期的增重速度可达1000～1200克/天；在120～240天育肥期的增重速度可达850～900克/天；在240～360天育肥期的增重速度可达750～800克/天。育肥时间越长增重速度越低。因此，设计饲料配方时，切忌盲目追求高速度增重而造成饲料浪费。

十二、经常注意配合饲料原料价格的变动

在肉牛育肥期的实践中，饲料成本占饲养成本的40%以上。因此，要降低饲养总成本，饲料费用占有重要地位。要随时注意饲料的价格变化，及时调整饲料配方。

十三、重视配合饲料的适口性

肉牛育肥期对饲料的色、香、味反应敏捷，对色、香、味好的饲料采食量大。牛的采食量大，可以达到多吃多长的目的。

十四、选用饲料添加剂要适当

使用饲料添加剂时，应符合《绿色食品　饲料及饲料添加剂使用准则》(NY/T 471—2018）的要求。不允许使用违禁的激素、抗生素、化学防腐剂等添加剂。

十五、精饲料与粗饲料比例要适当

肉牛配合饲料中精饲料与粗饲料比例是否合适，既影响肉牛育肥期的采食量，又影响肉牛育肥期的增重及肉牛育肥期的饲养成本。因此，在设计肉牛育肥期的饲料配方时，要十分注意精饲料与粗饲料比例。据美国肉牛科学家的研究结果表明，肉牛育肥期饲料配方中，精饲料与粗饲料比例（以干物质为基础）的禁忌点是精饲料和粗饲料的比例各占50%（饲料转化效率下降）。因此，在设计肉牛育肥期饲料配方时尽量避开这个禁忌点。

十六、防止饲料掺假

受利益的驱动，有些饲料商采用掺假方法获利，如在饲料中掺加其他物质。因此，肉牛育肥场购买饲料原料时要认真选购，并自备设备粉碎饲料；尽量少购商品配合饲料。

第三节 肉牛日粮配方设计与配制方法

一、日粮配方设计方法

肉牛日粮拟定方法包括手工计算法（手算法）和计算机优化饲料配方设计法。

手算法就是运用掌握的肉牛营养知识和饲养知识，结合日粮配制基本原则，运用方形法、试差法、方程法等进行计算，最终设计出肉牛日粮配方。手算法是饲料配方的常规方法，简单易学，可充分体现设计者的意图，设计过程清楚；但需要设计者有一定的经验，计算过程比较麻烦，盲目性比较大，不容易筛选出最佳配方。

计算机优化饲料配方设计法快捷方便、精确可靠、效率高。使用该方法可以采用更多种类的饲料原料，同时可考虑多项营养指标，设计出营养成分合理、价格低廉的肉牛饲料配方。

1. 方形法

方形法又称交叉法、对角线法、图解法，是一种将简单的作图和计算结合起来的运算方法，在选用的饲料种类较少、营养指标较少时可以应用，可以较快地获得比较准确的结果，比较适合肉牛日粮的配合。下面举例说明其具体步骤。

例：为体重300千克、预期日增重1.2千克的生长育肥牛配制日粮。可用饲料为玉米、棉籽饼、玉米秸秆青贮。

第一步，从肉牛饲养标准中查出体重300千克生长育肥牛、日增重1.2千克所需的各种营养物质需要量，见表6-1。

表6-1 育肥牛每天的营养需要量

体重/千克	日增重/千克	干物质/千克	肉牛能量单位/(个/千克)	粗蛋白质/克	钙/克	磷/克
300	1.2	7.64	5.69	850	38	19

从饲料成分表中查到所用饲料的营养成分含量，见表6-2。

表 6-2　育肥牛所用饲料的营养成分含量

饲　料	干物质（%）	肉牛能量单位/(个/千克)	粗蛋白质（%）	钙（%）	磷（%）
玉米	88.4	1.00	8.6	0.08	0.21
棉籽饼	89.6	0.82	32.5	0.27	0.81
玉米秸秆青贮	22.7	0.12	1.6	0.1	0.06

第二步，根据肉牛常用饲料的大致比例范围或生产中肉牛的大致采食量，自定青、粗料用量及比例。

若自定日粮中玉米秸秆青贮占45%，由玉米秸秆青贮供给的粗蛋白质量为1.6%÷22.7%×45%＝3.17%。玉米秸秆青贮饲料的供给量＝(7.64千克×45%)/22.7%＝15.15千克。

第三步，计算日粮中玉米、棉籽饼的比例。

由表6-1可知，所需全部日粮的粗蛋白质含量为（850克÷7.64千克）×100%＝11.1%。

由玉米秸秆青贮供给的蛋白质量为3.17%。

由玉米、棉籽饼供给的蛋白质量为11.1%－3.17%＝7.93%。

由玉米、棉籽饼组成的混合精料部分应提供的蛋白质为：(7.93%÷55%)×100%＝14.42%。

用对角线法计算玉米、棉籽饼的比例：

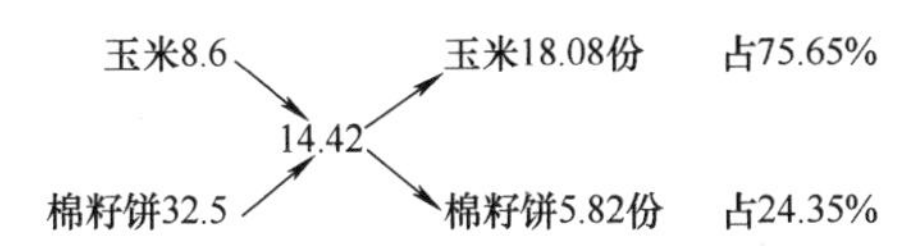

玉米的比例＝(18.08÷23.9)×100%＝75.65%。

棉籽饼的比例＝(5.82÷23.9)×100%＝24.35%。

由于日粮中精料比例只占55%，所以玉米在日粮中的比例为75.65%×55%＝41.61%，棉籽饼在日粮中的比例为24.35%×55%＝13.39%。玉米在日粮的供应量为(41.61%×7.64千克)/88.4%＝3.6千克，棉籽饼在日粮的供应量为(13.39%×7.64千克)/89.6%＝1.14千克。

第四步，把配成的日粮的营养成分与营养需要比较（表6-3），检查是否符合需要。

表 6-3　体重 300 千克生长育肥牛的日粮组成

饲料名称	饲料比例（%）	饲料用量/千克	日粮中的粗蛋白质/(克/天)	日粮中的肉牛能量单位/(个/天)
玉米	41.61	3.6	309.6	3.6
棉籽饼	13.39	1.14	370.5	0.935
玉米秸秆青贮	45	15.15	242.4	1.818
合计	100	19.89	922.5	6.35
营养需要		干物质 7.64	850	5.69
日粮供应		干物质 7.64	922.5	6.35

第五步，列出日粮配方组成。该育肥牛的日粮配方为：玉米青贮 15.15 千克、玉米 3.6 千克、棉籽粕 1.14 千克。

2. 试差法

试差法又称凑数法、加减法，就是根据肉牛营养需要与饲料条件等先粗略地拟定一个饲料配方，计算其各种营养成分含量，将所得的结果与标准对照，按照多减少补的原则，反复核算，逐一调整，直到所需要的营养指标全部符合或接近需要为止。这种方法道理简单，容易理解，但计算烦琐而难以筛选出最佳配方，比较费时。

下面举例说明用试差法拟定肉牛日粮的具体步骤。

例：用玉米青贮、玉米面、麸皮、棉籽饼、磷酸氢钙、石粉、食盐，为体重 200 千克、预期日增重 1.2 千克的育肥牛配合日粮。

第一步，由肉牛饲养标准查出该类肉牛每天的营养需要量，见表 6-4。

表 6-4　肉牛每天的营养需要量

体重/千克	日增重/千克	干物质/千克	肉牛能量单位/个	综合净能/兆焦	粗蛋白质/克	钙/克	磷/克
200	1.2	6.03	4.00	32.30	778	40	17

以肉牛常用饲料成分表查出该类肉牛所用的各种饲料的养分含量见表 6-5。

表6-5　肉牛所用饲料的养分含量

饲料	干物质（%）	肉牛能量单位/(个/千克)	综合净能/(兆焦/千克)	粗蛋白质（%）	钙（%）	磷（%）
玉米青贮	22.7	0.12	1.00	1.6	0.10	0.06
玉米面	88.4	1.00	8.06	8.6	0.08	0.21
麸皮	88.6	0.73	5.86	14.4	0.18	0.78
棉籽饼	89.6	0.82	6.62	32.5	0.27	0.81
磷酸氢钙					23.2	18
石粉					35.00	

第二步，根据肉牛常用饲料配方的大致比例范围或生产中肉牛的大致采食量，初定各种饲料用量。

假设玉米青贮在日粮干物质中占55%（即精粗比为45∶55），每头牛每天的干物质需要量为6.03千克，那么玉米青贮干物质用量为6.03千克×55%＝3.32千克，折合成玉米青贮饲料需除以玉米青贮的干物质含量，即3.32千克÷22.7%＝14.63千克；假设玉米面占日粮干物质20%，折合成玉米面用量＝6.03千克×20%÷88.4%＝1.36千克；同样，麸皮用量＝6.03千克×15%÷88.6%＝1.02千克；棉籽饼用量＝6.03千克×10%÷89.6%＝0.67千克。

第三步，计算试定日粮中养分含量，见表6-6。

表6-6　试定日粮中养分含量

饲料原料	用量/千克	肉牛能量单位/个	粗蛋白质/克	钙/克	磷/克
玉米青贮	14.63	1.76	234.08	14.63	8.78
玉米面	1.36	1.36	116.96	1.09	2.86
麸皮	1.02	0.74	146.88	1.84	7.96
棉籽饼	0.67	0.55	217.75	1.81	5.43
合计		4.41	715.67	19.37	25.03
与营养标准比较		+0.41	−62.33	−20.63	+8.03

第四步，判断与调整。由表6-6可知，初定日粮中能量比标准高，而粗蛋白质不足。因此，可用蛋白质含量高的棉籽饼取代部分能量高的玉米面。棉籽饼的蛋白质含量为325克/千克，玉米面的蛋白质含量为86克/千克，用1千克棉籽饼取代1千克玉米面，蛋白质含量可提高239（325－86）克，现尚缺蛋白质62.33克。为使蛋白质达到标准，需用0.26（62.33÷239）千克棉籽饼取代等量的玉米面。将调整后的日粮列出，再与标准比较（表6-7）。调整后的混合料，除钙外所列养分都基本达到要求，可以转下一步调整。

表6-7　调整后日粮中养分含量

饲料原料	用量/千克	肉牛能量单位/个	粗蛋白质/克	钙/克	磷/克
玉米青贮	14.63	1.76	234.08	14.63	8.78
玉米面	1.1	1.10	94.6	0.88	2.31
麸皮	1.02	0.74	146.88	1.84	7.96
棉籽饼	0.93	0.76	302.25	2.51	7.53
合计		4.36	777.81	19.86	26.58
与营养标准比较		+0.36	－0.19	－20.14	+9.58

第五步，调整钙、磷等。调整后日粮尚缺钙20.14克，应再加石粉57.54（20.14÷0.35）克，为0.058千克。混合精料中另加6.03克×0.2%的食盐，约合0.012千克。

第六步，定出饲料配方。体重200千克、日增重1.2千克的育肥牛的日粮配方为：玉米青贮14.63千克、玉米面1.10千克、麸皮1.02千克、棉籽饼0.93千克、石粉0.06千克、食盐0.012千克。

混合精料的百分组成为：玉米面35.23%、麸皮32.67%、棉籽饼29.8%、石粉1.92%、食盐0.38%。

3. 方程法

方程法又称代数法，在饲料种类少、营养指标不多的情况下可将需要使用的不同种类饲料原料用量分别用x、y、z等参数表示，然后用这些饲料原料的总重量、总能量、总蛋白质量等指标为主建立方程，用解方程方法计算出不同种类饲料原料用量（x、y、z等参数）即可，这样就可计算出肉牛的饲料配方。这种方法比较麻烦，但可一次性得

到结果。

下面举例说明方程法拟定肉牛日粮的具体步骤。

例：肉牛体重平均为300千克，预期日增重1.2千克，常用饲料为白酒糟、玉米秸、玉米、棉籽饼、麸皮、磷酸氢钙、石粉、食盐等。

第一步，确定饲养标准和饲料营养价值。从肉牛饲养标准中查出体重300千克、预期日增重1.2千克的生长育肥牛所需的各种营养物质需要量，见表6-8。从肉牛常用饲料成分表中查到所用饲料的营养成分含量，列于表6-9。

表6-8　育肥牛每天的营养需要量

体重/千克	日增重/千克	干物质/千克	肉牛能量单位/个	粗蛋白质/克	钙/克	磷/克
300	1.2	7.64	5.69	850	38	19

表6-9　肉牛所用饲料的养分含量

饲料原料	干物质（%）	肉牛能量单位/个	粗蛋白质（%）	钙（%）	磷（%）
玉米秸	90	0.31	5.9	—	—
白酒糟	29	0.15	4	—	—
玉米	88.4	1.00	8.6	0.08	0.21
麸皮	88.6	0.73	14.4	0.14	0.54
棉籽饼	89.6	0.82	32.5	0.27	0.81
磷酸氢钙	—	—	—	23.2	18
石粉	—	—	—	35.00	—

第二步，根据肉牛常用饲料配方的大致比例范围或生产中肉牛的大致采食量，自定青、粗料用量及比例：若自定日粮中青粗料比例为54%，用玉米秸2千克，白酒糟的饲喂量为8千克，由饲养标准可知，每头每天需7.64千克干物质，所以每头牛每天由粗料供给的干物质量为8千克×29%+2千克×90%=4.12千克，精料干物质量为7.64千克-4.12千克=3.52千克。青、粗饲料用量和养分含量见表6-10。

表 6-10　每天青、粗饲料用量和养分含量

饲料原料	用量/千克	干物质/千克	肉牛能量单位/个	粗蛋白质/克	钙/克	磷/克
玉米秸	2	1.8	0.62	118		
白酒糟	8	2.32	1.2	320		
合计	9.5	4.12	1.82	438		
尚缺		3.52	3.87	412	38	19

由表 6-10 可知，尚缺的营养要由精料补充料提供，即精料补充料的养分含量为干物质 3.52 千克，肉牛能量单位 3.87，粗蛋白质 412 克，钙 38 克，磷 19 克。

第三步，确定计算所需要的精料补充料的各种原料比例与用量。

设定玉米用量为 x 千克，麸皮用量为 y 千克，棉籽饼用量为 z 千克，则根据精料补充料的养分含量为干物质 3.52 千克，肉牛能量单位 3.87 个，粗蛋白质 412 克可列出下列方程，将这三个方程联立成方程组，即：

$$\begin{cases}0.88x+0.88y+0.89z=3.52\\x+0.73y+0.82z=3.87\\86x+144y+325z=412\end{cases}$$

解方程组得 $x=3.48$，$y=0.3$，$z=0.213$。

第四步，演算精料补充料所提供的营养含量。计算结果见表 6-11。

表 6-11　精料补充料所提供的营养含量

饲料原料	用量/千克	干物质/千克	肉牛能量单位/个	粗蛋白质/克	钙/克	磷/克
玉米	3.48	3.062	3.48	299.3	2.784	7.308
麸皮	0.3	0.264	0.21	43.2	0.42	1.62
棉籽饼	0.213	0.19	0.175	69.23	0.575	1.73
尚缺		0.00	0.00	0.00	34.3	8.35

第五步，补充钙、磷、盐。由表 6-11 可知，钙、磷都需要补充，用磷酸氢钙满足磷需要量，磷酸氢钙用量为 8.35 克 ÷0.18 =46.4 克。46.4 克磷酸氢钙含有钙量为 46.4 克 ×0.232 = 10.76 克。还缺钙 34.3 克 − 10.76 克 =23.54 克。用石粉补足钙，则石粉的用量为 23.54 克 ÷0.35 =

67.3克。食盐用量为7.64克×0.2%=15克。

第六步，列出日粮配方组成及精料补充料的百分比。体重300千克、日增重1.2千克的生长育肥牛日粮配方组成：玉米秸2千克、白酒糟8千克、玉米3.48千克、麸皮0.3千克、棉籽饼0.213千克、磷酸氢钙46.4克、石粉67.3克、食盐15克。精料补充料的百分比：玉米84.43%、麸皮7.28%、棉籽饼5.17%、磷酸氢钙1.13%、石粉1.63%、食盐0.36%。

4. 计算机设计法

用计算机设计肉牛育肥的饲料配方也应遵循常规饲料配方计算的基本知识和技能，借助饲料配方软件进行。用于肉牛配方设计的软件很多，具体操作也有差异，但无论哪种配方软件，所用的原理基本相同。计算机设计饲料配方的方法原理主要有线性规划法、多目标规划法、参数规划法等，最常用的是线性规划法原理，可优选出最低成本饲料配方。配方软件主要包括两个系统：原料数据库和营养标准数据库管理系统、优化计算配方系统。多数软件都包括肉牛全价混合料、浓缩料、预混料的配方设计。

对熟练掌握计算机应用技术的人员，除了购买现成的配方软件外，还可应用Excel电子表格、SAS软件等进行配方设计，非常方便实用。

二、日粮配制方法

饲料配制是指各种饲料按配方设计的比例配合成均匀度较高的混合饲料。饲粮调制均匀，可以让每头牛采食的每一口饲料都能达到配方设计要求，以能满足牛的营养需要。饲料配制有人工和机械两种方法。

1. 人工配制方法

人工配制方法是指人工将饲料调制成较均匀的混合饲料。

（1）饲料称量　①按饲料配方的比例，计算出一次配制总量中各种饲料的用量。②将用量打印成材料，置于称重处。③严格执行配方用量。④称量准确。

（2）配制　①将第一种饲料称重以后，摊放在地上。②将第二种饲料称量以后摊放在第一种饲料之上。③依次将各种饲料叠成一堆。④经过扩散的微（少）饲料称量以后，摊放在最后一种饲料之上（也可以放在任何一种饲料上）。⑤用铁锹将叠成堆的饲料翻倒。⑥翻倒饲料时，要将饲料翻倒成馒头状。⑦每一锹饲料都必须从馒头状的尖部向四周抛

撒。⑧每批饲料的翻倒次数不少于3次。

2. 机械配制方法

机械配制操作过程是：①称量各种饲料。②倒入机械内。③机械搅拌时间不少于5分钟，转速大于5转/分钟。

第四节 肉牛育肥期配合饲料配方示例

以下的配合饲料配方是根据肉牛不同的育肥期、不同的育肥目标、各地众多饲料资源中任意选用部分饲料品种设计的，供养牛户参考使用。

一、体重为250～300千克架子牛过渡期配合饲料配方

架子牛在育肥开始前，有一个短暂的过渡期（也称为适应期，0～15天），过渡期中架子牛的配合饲料以青贮饲料、干粗饲料为主，使架子牛在较短时间内适应新的生活环境条件。该架子牛过渡期配合饲料配方示例见表6-12。

表6-12 体重为250～300千克架子牛过渡期配合饲料配方示例

饲料名称	配方一	配方二	配方三	配方四	配方五	配方六	配方七
玉米（%）	18.7	17.4	18.7	20.6	20.0	21.1	15.6
米糠（%）	6.7	6.4	7.0	0	0	0	0
米糠饼（%）	0	0	0	4.4	4.2	4.3	0
玉米胚芽饼（%）	3.0	4.2	4.5	11.2	13.2	14.8	11.8
麦麸（%）	1.9	1.9	2.0	2.2	2.1	2.2	1.8
甜菜干粕（%）	0	0	1.4	3.7	0	0	0
棉籽饼（%）	6.6	6.6	7.1	6.2	2.2	2.3	1.9
菜籽饼（%）	0	0	0	0	1.3	1.4	1.1
全株玉米青贮饲料（%）	14.9	15.0	16.0	17.6	16.5	17.4	13.7
玉米秸黄贮（%）	11.5	11.9	12.0	18.6	25.7	19.8	20.0
苜蓿干草（%）	1.9	1.9	2.0	3.8	3.6	3.8	3.0
秋白草（野干草）（%）	2.0	2.0	2.1	2.3	2.2	2.3	1.8
玉米秸（%）	9.0	9.0	10.2	7.5	7.2	8.7	6.9
玉米皮（%）	0	1.0	1.0	1.4	1.3	0	0
小麦秸（%）	1.0	1.9	1.6	0	0	1.4	1.2

（续）

饲料名称		配方一	配方二	配方三	配方四	配方五	配方六	配方七
稻草（%）		1.8	0	0	0	0	0	0
粉渣（%）		7.5	7.5	0	0	0	0	20.7
甘薯藤（%）		13.0	12.8	13.9	0	0	0	0
食盐（%）		0.2	0.2	0.2	0.2	0.2	0.2	0.2
石粉（%）		0.3	0.3	0.3	0.3	0.3	0.3	0.3
合计		100.0	100.0	100.0	100.0	100.0	100.0	100.0
每千克配合饲料（干）含有成分	维持净能/(兆焦/千克)	6.7197	6.7004	6.6852	6.6459	6.6611	6.6869	6.7173
	增重净能/(兆焦/千克)	3.7996	3.8136	3.8212	3.8449	3.8386	3.8658	3.8506
	粗蛋白质（%）	11.91	12.21	12.17	12.70	12.84	12.96	12.59
	钙（%）	0.52	0.52	0.54	0.51	0.45	0.45	0.45
	磷（%）	0.41	0.42	0.42	0.33	0.34	0.34	0.33
日粮含水量（%）		43.6	44.7	40.6	34.15	37.8	34.5	48.0
预计增重标准要求	维持需要/兆焦	20.25	20.25	20.25	20.25	20.25	20.25	20.25
	增重需要/兆焦	10.59	10.59	10.59	10.59	10.59	12.26	13.93
	干物质采食量/千克	5.8	5.8	5.8	5.8	5.8	6.2	6.2
维持需要的饲料量（干物质）/千克		3.0	3.0	3.0	3.0	3.0	3.0	3.0
增重需要的饲料量（干物质）/千克		2.8	2.8	2.8	2.8	2.8	3.2	3.2
预计采食量（自然重）/千克		10.3	10.5	9.8	8.8	9.3	9.5	11.9
预计日增重/克		700	700	700	700	700	800	900

二、体重为300～350千克架子牛配合饲料配方

体重为300千克架子牛，经过过渡期饲养以后，即进入育肥期饲养。育肥期因育肥目标的不同，育肥肉牛的饲料配方也有较大的差异。表6-13中配方一、配方二是生产高档牛肉时使用的，配方三、配方四是为生产优质肉牛设计的，配方五、配方六、配方七是以增加育肥牛体重（未考虑牛肉品质）为目标的配方。

表6-13　体重为300～350千克架子牛育肥期配合饲料配方示例

饲料名称	配方一	配方二	配方三	配方四	配方五	配方六	配方七
玉米（%）	11.1	12.6	13.5	13.8	15.6	15.2	32.6
米糠（%）	0	0	2.9	3.1	3.0	3.0	3.7
米糠饼（%）	3.1	3.2	0	0	0	0	0
玉米胚芽饼（%）	8.3	8.4	9.0	9.6	9.3	8.7	14.0
麦麸（%）	1.6	1.7	1.8	1.9	1.2	1.2	0
棉籽饼（%）	1.7	1.7	1.9	2.0	1.9	1.9	1.6
菜籽饼（%）	1.0	1.0	1.1	1.2	1.2	1.2	1.0
甜菜干粕（%）	0	0	1.1	1.2	0	0	0
全株玉米青贮饲料（%）	17.0	17.3	19.4	21.0	20.6	20.3	15.9
玉米秸黄贮（%）	24.5	20.0	18.8	21.0	23.7	26.3	8.9
苜蓿干草（%）	2.8	2.8	3.0	3.2	3.1	3.1	3.8
秋白草（野干草）（%）	1.7	1.7	1.8	2.0	1.9	1.9	2.3
玉米秸（%）	6.4	6.5	6.9	7.4	7.2	7.1	5.2
玉米皮（%）	0	0	0	1.3	1.2	1.2	0
小麦秸（%）	1.0	1.1	1.2	1.2	1.2	1.2	1.5
稻草（%）	0	0	1.1	1.2	0	0	0
甘薯藤（%）	0	15.0	16.0	8.4	8.4	0	0
粉渣（%）	19.3	6.5	0	0	0	7.2	9.0
食盐（%）	0.2	0.2	0.2	0.2	0.2	0.2	0.2
石粉（%）	0.3	0.3	0.3	0.3	0.3	0.3	0.3
合计	100	100	100	100	100	100	100

（续）

饲料名称		配方一	配方二	配方三	配方四	配方五	配方六	配方七
每千克配合饲料（干）含有成分	维持净能/(兆焦/千克)	6.4047	6.3908	6.4283	6.4237	6.5113	6.5242	7.3878
	增重净能/(兆焦/千克)	3.5372	3.5441	3.5606	3.5622	3.6383	3.6330	4.4880
	粗蛋白质（%）	12.37	12.64	12.27	12.13	12.15	11.93	12.35
	钙（%）	0.47	0.52	0.53	0.51	0.50	0.48	0.40
	磷（%）	0.31	0.32	0.37	0.37	0.37	0.37	0.36
日粮含水量（%）		51.8	51.1	47.7	44.5	44.7	46.3	33.3
预计增重标准要求	维持需要/兆焦	23.22	23.22	23.22	23.22	23.22	23.22	23.22
	增重需要/兆焦	14.06	14.06	15.98	15.98	17.95	17.95	20.00
	干物质采食量/千克	7.6	7.6	8.1	8.1	8.5	8.5	7.6
维持需要的饲料量（干物质）/千克		3.6	3.6	3.6	3.6	3.6	3.6	3.1
增重需要的饲料量（干物质）/千克		4.0	4.0	4.5	4.5	4.9	4.9	4.5
预计采食量（自然重）/千克		15.8	15.6	15.5	14.6	15.7	15.8	11.4
预计日增重/克		800	800	900	900	1000	1000	1100

三、体重为350~400千克架子牛配合饲料配方

体重为350~400千克架子牛配合饲料配方示例见表6-14。

表6-14　体重为350~400千克架子牛配合饲料配方示例

饲料名称	配方一	配方二	配方三	配方四	配方五	配方六	配方七
玉米（%）	13.6	14.2	24.3	33.2	58.9	56.7	78.2
米糠（%）	4.4	0	0	6.4	11.1	9.7	8.3
米糠饼（%）	0	4.6	5.5	0	0	0	0

（续）

饲料名称		配方一	配方二	配方三	配方四	配方五	配方六	配方七
玉米胚芽饼（%）		10.9	11.4	14.6	16.7	10.0	9.7	0
麦麸（%）		0	0	0	0	0	0	0
棉籽饼（%）		1.2	1.3	1.2	1.3	1.0	1.0	1.0
菜籽饼（%）		1.0	1.0	1.0	1.2	0.9	0.9	0.9
甜菜干粕（%）		0	1.8	2.2	2.5	0	0	0
全株玉米青贮饲料（%）		28.2	29.5	17.7	0	0	11.3	7.3
玉米秸黄贮（%）		21.7	16.4	10.7	12.2	7.1	0	0
苜蓿干草（%）		3.0	3.1	3.7	4.3	3.0	2.9	2.0
秋白草（野干草）（%）		1.8	1.9	1.5	1.8	1.5	1.4	0
玉米秸（%）		4.0	4.2	5.0	4.1	1.5	1.4	1.5
玉米皮（%）		0	0	0	1.7	1.5	1.5	0
小麦秸（%）		1.2	1.2	1.5	1.7	1.5	1.6	0
稻草（%）		1.6	1.7	2.0	2.4	1.2	1.1	0
甘薯藤（%）		0	0	0	0	0	0	0
粉渣（%）		6.9	7.2	8.6	10.0	0	0	0
食盐（%）		0.2	0.2	0.2	0.2	0.2	0.2	0.2
石粉（%）		0.3	0.3	0.3	0.3	0.6	0.6	0.6
合计		100	100	100	100	100	100	100
每千克配合饲料（干）含有成分	维持净能/(兆焦/千克)	6.5145	6.4751	6.9764	7.4007	8.1007	8.0932	8.6833
	增重净能/(兆焦/千克)	3.5914	3.6114	4.1239	4.5104	5.1256	5.1283	5.6388
	粗蛋白质（%）	11.80	12.14	12.50	12.43	11.50	11.50	10.49
	钙（%）	0.47	0.45	0.41	0.39	0.39	0.40	0.38
	磷（%）	0.36	0.29	0.30	0.37	0.39	0.38	0.33
日粮含水量（%）		48.3	45.9	35.1	25.4	15.2	18.3	16.1

（续）

饲料名称		配方一	配方二	配方三	配方四	配方五	配方六	配方七
预计增重标准要求	维持需要/兆焦	26.11	26.11	26.11	26.11	26.11	26.11	26.11
	增重需要/兆焦	15.77	15.77	17.95	20.17	22.43	22.43	24.77
	干物质采食量/千克	8.4	8.4	8.1	8.0	7.6	7.6	7.4
维持需要的饲料量（干物质）/千克		4.0	4.0	3.7	3.5	3.2	3.2	3.0
增重需要的饲料量（干物质）/千克		4.4	4.4	4.4	4.5	4.4	4.4	4.4
预计采食量（自然重）/千克		16.2	15.5	12.5	10.7	9.0	9.3	8.8
预计日增重/克		800	800	900	1000	1100	1100	1200

四、体重为400～450千克架子牛配合饲料配方

体重为400～450千克架子牛配合饲料配方示例见表6-15。

表6-15　体重为400～450千克架子牛配合饲料配方示例

饲料名称	配方一	配方二	配方三	配方四	配方五	配方六	配方七
玉米（%）	23.0	28.1	27.9	30.8	34.8	30.8	31.6
米糠（%）	4.6	0	3.7	0	0	7.8	6.5
米糠饼（%）	0	0	0	6.7	6.7	0	0
玉米胚芽饼（%）	0	5.5	6.8	7.4	7.7	7.4	7.4
麦麸（%）	0	0	0	0	0	0	1.3
棉籽饼（%）	0.5	0.7	0.7	0.8	0.8	0.8	0.6
菜籽饼（%）	0.5	0.6	0.7	0.7	0.7	0.7	0.6
甜菜干粕（%）	0	0	0	1.5	1.5	0	0
全株玉米青贮饲料（%）	30.2	0	0	0	0	0	0
玉米秸黄贮（%）	27.6	41.4	34.8	34.5	33.8	39.3	38.7

（续）

饲料名称		配方一	配方二	配方三	配方四	配方五	配方六	配方七
苜蓿干草（%）		1.1	1.4	1.4	1.6	1.6	1.5	1.5
秋白草（野干草）（%）		1.1	1.3	1.4	1.6	1.6	1.5	1.5
玉米秸（%）		0.8	10.5	11.3	12.4	8.8	8.3	8.4
玉米皮（%）		1.0	0	0	0	0	0	0
小麦秸（%）		1.0	1.3	1.4	1.5	1.5	1.4	1.4
稻草（%）		1.0	1.2	1.3	0	0	0	0
甘薯藤（%）		7.1	0	0	0	0	0	0
粉渣（%）		0	7.6	8.2	0	0	0	0
食盐（%）		0.2	0.2	0.2	0.2	0.2	0.2	0.2
石粉（%）		0.3	0.2	0.2	0.3	0.3	0.3	0.3
合计		100	100	100	100	100	100	100
每千克配合饲料（干）含有成分	维持净能/（兆焦/千克）	6.8724	6.8364	6.9779	6.9262	7.1117	7.1447	7.1364
	增重净能/（兆焦/千克）	3.7893	3.8069	3.9917	4.0159	4.1736	4.1590	4.1625
	粗蛋白质（%）	9.50	10.10	10.56	11.09	11.15	10.85	10.90
	钙（%）	0.51	0.38	0.38	0.38	0.36	0.36	0.39
	磷（%）	0.31	0.24	0.30	0.25	0.26	0.36	0.35
日粮含水量（%）		44.0	42.7	38.9	32.6	32.2	35.8	35.1
预计增重标准要求	维持需要/兆焦	28.83	28.83	28.83	28.83	28.83	28.83	28.83
	增重需要/兆焦	17.45	17.45	19.83	19.83	22.31	22.31	22.31
	干物质采食量/千克	8.8	8.8	9.1	9.1	9.4	9.4	9.4
维持需要的饲料量（干物质）/千克		4.2	4.2	4.1	4.2	4.0	4.0	4.0

（续）

饲料名称	配方一	配方二	配方三	配方四	配方五	配方六	配方七
增重需要的饲料量（干物质）/千克	4.6	4.6	5.0	4.9	5.4	5.4	5.4
预计采食量（自然重）/千克	19.2	15.4	14.9	13.5	13.9	14.6	14.5
预计日增重/克	800	800	900	900	1000	1000	1000

五、体重为450～500千克架子牛配合饲料配方

体重为450～500千克架子牛配合饲料配方示例见表6-16。

表6-16 体重为450～500千克架子牛配合饲料配方示例

饲料名称	配方一	配方二	配方三	配方四	配方五	配方六	配方七
玉米（%）	23.2	22.6	30.3	29.2	36.6	36.7	38.1
米糠（%）	4.7	5.4	0	0	0	3.2	3.0
米糠饼（%）	0	0	8.1	7.8	7.5	7.5	0
玉米胚芽饼（%）	3.8	3.6	4.5	4.3	0	0	0
麦麸（%）	1.2	1.2	0	0	0	0	2.2
棉籽饼（%）	0.6	0.6	0.8	0.8	0.8	0.8	0.8
棉籽（%）	0	0	0	0	0	0	0.7
菜籽饼（%）	0.6	0.6	0.7	0.7	0.7	0.7	0.8
甜菜干粕（%）	0	0	1.5	1.5	1.5	0	0
全株玉米青贮饲料（%）	11.9	16.2	0	0	0	0	0
玉米秸黄贮（%）	42.7	30.7	35.2	28.8	31.8	31.6	35.6
苜蓿干草（%）	1.3	1.3	1.6	1.5	1.6	1.6	1.6
秋白草（野干草）（%）	1.3	1.2	1.6	1.5	1.6	1.6	1.6
玉米秸（%）	7.0	6.8	12.3	11.9	12.9	11.2	10.7
玉米皮（%）	0	0	0	1.5	1.6	1.6	1.5
小麦秸（%）	1.2	1.2	1.5	1.4	1.5	1.5	1.5
稻草（%）	0	0	1.4	0	1.4	1.5	1.4
粉渣（%）	0	0	0	8.6	0	0	0
甘薯藤（%）	0	8.1	0	0	0	0	0

（续）

饲料名称		配方一	配方二	配方三	配方四	配方五	配方六	配方七
食盐（%）		0.2	0.2	0.2	0.2	0.2	0.2	0.2
石粉（%）		0.3	0.3	0.3	0.3	0.3	0.3	0.3
合计		100	100	100	100	100	100	100
每千克配合饲料（干）含有成分	维持净能/（兆焦/千克）	6.7302	6.8565	6.8291	6.9879	7.0369	7.1215	7.1581
	增重净能/（兆焦/千克）	3.7149	3.8772	3.8926	4.0895	4.0660	4.1391	4.1231
	粗蛋白质（%）	10.15	10.49	10.72	10.99	10.18	10.37	9.94
	钙（%）	0.43	0.45	0.41	0.41	0.38	0.36	0.37
	磷（%）	0.32	0.35	0.24	0.25	0.22	0.27	0.29
日粮含水量（%）		46.1	47.4	33.0	35.5	31.1	31.0	33.8
预计增重标准要求	维持需要/兆焦	31.46	31.46	31.46	31.46	31.46	31.46	31.46
	增重需要/兆焦	16.44	19.04	19.04	21.67	21.67	24.35	24.35
	干物质采食量/千克	9.1	9.5	9.5	9.8	9.8	10.3	10.3
维持需要的饲料量（干物质）/千克		4.7	4.6	4.6	4.5	4.5	4.4	4.4
增重需要的饲料量（干物质）/千克		4.4	4.9	4.9	5.3	5.3	5.9	5.9
预计采食量（自然重）/千克		16.9	18.0	14.2	15.2	14.2	14.9	15.5
预计日增重/克		700	800	800	900	900	1000	1000

六、体重为500千克以上肉牛配合饲料配方

体重为500千克以上肉牛配合饲料配方示例见表6-17。

表 6-17　体重为 500 千克以上肉牛饲料配方示例

饲料名称	配方一	配方二	配方三	配方四	配方五	配方六	配方七
玉米（%）	20.8	23.3	26.6	25.6	34.9	37.1	39.4
大麦（%）	0	3.2	3.7	3.6	4.0	3.9	4.2
米糠（%）	6.8	4.2	4.3	0	0	0	6.8
米糠饼（%）	0	0	0	3.5	5.1	5.7	0
玉米胚芽饼（%）	5.8	0	2.1	2.0	3.0	0	7.9
麦麸（%）	0	1.9	2.2	2.1	0	0	0
棉籽饼（%）	0	2.0	2.3	2.2	1.7	1.6	0
棉籽（%）	0.6	0.7	0.8	0.7	0.8	0.8	0.7
菜籽饼（%）	0.6	0.6	0.7	0.7	0.8	0.7	0.7
甜菜干粕（%）	0	0	2.2	2.1	0	0	0
全株玉米青贮饲料（%）	0	0	5.8	5.6	0	0	0
玉米秸黄贮（%）	45.6	39.1	30.8	25.2	29.3	32.6	24.5
苜蓿干草（%）	1.3	1.4	1.6	1.5	1.7	1.6	1.8
秋白草（野干草）（%）	1.3	1.3	1.5	1.5	1.7	1.6	1.7
玉米秸（%）	5.0	9.3	10.6	10.7	9.6	9.4	6.9
玉米皮（%）	1.2	1.3	1.5	1.4	1.6	1.6	1.7
小麦秸（%）	1.2	1.3	1.5	1.4	1.6	1.5	1.6
稻草（%）	1.1	1.2	1.4	1.3	1.5	1.4	1.6
粉渣（%）	0	0	0	8.4	0	0	0
甘薯藤（%）	8.3	8.8	0	0	0	0	0
食盐（%）	0.2	0.2	0.2	0.2	0.2	0.2	0.2
石粉（%）	0.2	0.2	0.3	0.3	0.3	0.3	0.3
合计	100	100	100	100	100	100	100

（续）

饲料名称		配方一	配方二	配方三	配方四	配方五	配方六	配方七
每千克配合饲料（干）含有成分	维持净能/(兆焦/千克)	6.7100	6.6749	6.8503	6.8331	7.0516	7.0797	7.4395
	增重净能/(兆焦/千克)	3.6864	3.7071	3.9387	3.9480	4.1329	4.1192	4.5035
	粗蛋白质（%）	10.60	10.48	10.71	10.96	10.82	10.57	11.06
	钙（%）	0.40	0.44	0.42	0.42	0.39	0.38	0.34
	磷（%）	0.35	0.33	0.34	0.28	0.26	0.25	0.34
日粮含水量（%）		46.4	44.2	34.2	37.5	32.0	31.4	26.2
预计增重标准要求	维持需要/兆焦	34.06	34.06	34.06	34.06	34.06	34.06	34.06
	增重需要/兆焦	17.78	17.78	20.59	20.59	23.43	23.43	26.22
	干物质采食量/千克	9.9	9.9	10.2	10.2	10.5	10.5	10.4
维持需要的饲料量（干物质）/千克		5.1	5.1	5.0	5.0	4.8	4.8	4.6
增重需要的饲料量（干物质）/千克		4.8	4.8	5.2	5.2	5.7	5.7	5.8
预计采食量（自然重）/千克		18.4	17.7	15.6	16.3	15.4	15.3	14.0
预计日增重/克		700	700	800	800	900	900	1000

第七章 肉牛育肥技术

肉牛育肥包括：架子牛过渡期饲养、肉牛育肥技术体系、肉牛育肥管理技术体系和育肥牛饮水等。

第一节 架子牛过渡期饲养与管理

一、架子牛过渡期饲养

1. 架子牛到育肥场后体重恢复情况

笔者对采用肉牛易地育肥、饲养量1000头以上的3处育肥牛场的架子牛12批285头，在运到育肥牛场以后的第三天、第七天、第十五天、第三十天检测了体重，进行了体重变化的调查，结果见表7-1。

表7-1 架子牛过渡期体重变化 （单位：千克）

批次	头数	进栏重	第三天重	第七天重	第十五天重	第三十天重
1	84	305.9			313.0	328.6
2	94	378.0		369.7	370.6	
3	12	427.8	408.9	415.5	407.3	
4	11	366.9	354.6	362.5	361.3	
5	12	303.3	292.7	286.7	295.5	
6	11	387.3	368.7	377.6	378.0	
7	10	321.2	326.7	324.6	323.9	343.3
8	11	248.8	242.9	237.4	238.3	255.8
9	11	244.6	253.6	254.1	253.2	276.1
10	10	416.9	416.5		434.0	448.6
11	10	257.0	254.0		264.0	270.0
12	9	310.1			322.7	333.7

从表7-1的资料可以看到，有的批次的牛运到育肥场后很快恢复到运输前体重，有的批次恢复较慢。各批次间架子牛体重恢复的差异很大，分析原因有以下几点：

第一，大部分从牛贩子手中购买的牛，牛贩子在牛出售前几小时大量饲喂精饲料，使牛过度采食而引发胃肠病，造成恢复较慢。

第二，牛贩子在牛出售前几小时给牛大量灌水，伤及胃肠。

第三，架子牛运输时有应激反应。

第四，架子牛引进育肥场后管理未到位，没有适应新的饲养环境条件。

2. 牛品种与运输体重恢复情况

架子牛运输时体重的恢复情况与牛的品种间是否存在关系？为了弄清这个问题，2002年5月~2003年4月，笔者对不同品种牛进行了测定，结果见表7-2。

表7-2　不同品种牛入场后的体重变化　（单位：千克）

项　目	利鲁牛（179头）	西鲁牛（89头）	夏鲁牛（37头）	鲁西牛（118头）
收购体重	386.0±41.2			
入场体重	342.0±53.7	396.0±34.9	411.0±45.9	347.9±46.7
入场30天体重	367.1±60.4	432.5±39.6	434.0±48.6	352.3±51.1
入场60天体重	395.9±64.2	465.5±46.5	455.0±56.0	395.6±57.8
入场90天体重	421.4±80.0	507.6±49.1	484.0±59.6	420.8±57.0
入场120天体重	449.6±84.5	537.4±43.8	543.9±70.3	455.4±44.7
入场150天体重	499.3±52.2			
入场180天体重	516.2±49.5			

从牛品种分析，架子牛入场后30天内的日增重，除西鲁牛外其他牛均不理想。

3. 架子牛过渡期饲养技术概述

（1）洗胃　用洗胃液将胃内食物尽早排出。

（2）健胃　洗胃后立即用健胃药健胃。

（3）护理　经过洗胃和健胃后要精心护理。采取以下护理措施。

1）充足饮水。饮水中加小麦麸300~400克、人工盐100~150克。

2）保持牛床干燥。有条件时可以铺垫草。

3）注意环境。保持环境安静。

4）精心饲喂。饲喂量参考以下方案：第一天日粮以优质粗饲料、青贮饲料、麸皮为主，饲料饲喂量（自然重）为牛体重的3%～3.2%；第二天日粮同第一天；第三天、第四天，日粮中增加配合精饲料，每头每天1.5～2千克，饲料饲喂量（自然重）为牛体重的3.5%～3.8%。配合精饲料为粉碎玉米（或蒸汽压片玉米）、玉米酒精渣（DDGS料）、棉籽饼、添加剂、食盐、矿物质等；第五天起，日粮中精饲料比例占25%～30%，日饲喂量（自然重）达牛体重的4%左右。

架子牛过渡期饲料配方推荐如下：

配方一：优质野干草2千克，玉米秸秆3千克，青贮饲料2千克，小麦麸1千克，湿DDGS料1～2千克，食盐15～20克，健胃散200～300克。

配方二：优质野干草3千克，玉米秸秆2千克，小麦秸秆2千克，小麦麸1千克，湿DDGS料1～2千克，食盐15～20克，健胃散200～300克。

配方三：优质野干草3千克，玉米秸秆3千克，小麦麸1.5千克，湿DDGS料1～2千克，食盐15～20克，健胃散200～300克。

配方四：优质野干草3千克，小麦秸秆4千克，小麦麸1.5千克，湿DDGS料1～2千克，食盐15～20克，健胃散200～300克。

配方五：玉米秸秆4千克，小麦秸秆3千克，小麦麸1.5千克，湿DDGS料1～2千克，食盐15～20克，健胃散200～300克。

5）饲料充分拌匀后再喂用。将精饲料、粗饲料、青贮饲料、糟渣饲料、添加剂饲料等充分搅拌均匀后喂牛。具体做法如下：

第一，个体养殖户仅养1头牛时，可将各种饲料（按饲料配方）放到饲槽内搅拌后喂牛。

第二，规模养殖户可将各种饲料放在水泥池或水缸内充分搅拌均匀后喂牛。

第三，规模养殖场可将各种饲料放在水泥地上充分搅拌均匀后喂牛。

6）饲料要现配现喂。每次配制混合饲料，现配现喂最好。夏季配制的混合饲料应在1～2小时内喂完；其他季节可稍长一些，但不能超过4小时。

二、架子牛过渡期管理

第一，充分饮水。卸车后的第一次饮水应控制，1次10～15升（判断

牛的饮水量可参考架子牛吸饮1口水的量为0.5~0.6升)，特别是经过长途运输的牛一定要控制饮水量。间隔3~4小时后第二次饮水，充分饮水。

第二，称重。第三天或第五天个体称重1次，做好体重记录。

第三，记录每个围栏或1个群体的饲料采食量（每天采食量）。

第四，记录防疫、驱虫的时间，药剂量，操作人员姓名。

第五，记录天气情况。

第六，观察牛粪尿，做好记录。

第七，防止架子牛相互爬跨、格斗。陌生的架子牛放在一起的几小时或几十小时内（围栏饲养），相互爬跨、格斗是难免的。相互爬跨、格斗极易造成伤残，如腿伤、蹄伤、肩关节脱臼、膝关节脱臼，甚至死亡。据笔者的实践，采取以下一些办法可以减少或杜绝陌生架子牛的相互爬跨、格斗：①合并架子牛的时间选择在傍晚天黑时；②架子牛合并前把牛拴在一起2~3天，它们之间的距离以不能接触为限；③将架子牛两前腿系部用麻绳拴住，距离为30~35厘米，防止牛起跳；④将围栏上部用铁丝网封严，能防止牛起跳。

第二节　肉牛育肥饲养技术

一、肉牛育肥饲养技术分类

肉牛育肥饲养技术的类型，按育肥饲养方式，可分为围栏育肥饲养技术（彩图17）和拴系育肥饲养技术（彩图18）；按育肥饲养时间，可分为快速短育肥期饲养技术和较长期育肥饲养技术；按育肥饲养目标，可分为高档牛育肥饲养技术、优质牛育肥饲养和普通牛育肥饲养技术；按育肥饲养年龄可分为小年龄牛（0~8月龄）育肥饲养技术和老龄牛育肥饲养技术；按育肥饲养体重大小，可分为大架子牛（550~650千克）育肥饲养技术和小架子牛（小于450千克）育肥饲养技术；按育肥饲养性别可分为阉公牛育肥饲养技术、公牛育肥饲养技术和母牛育肥饲养技术等。肉牛育肥饲养技术体系是为肉牛育肥饲养目标服务的，因此在论述肉牛育肥饲养技术体系前，应明确肉牛育肥饲养目标，而肉牛育肥饲养目标又为肉牛的分级服务。

二、当前我国肉牛分级及肉牛育肥目标

根据笔者在我国东北肉牛带、中原肉牛带、草原肉牛带几十家屠宰企业、个体屠宰户的调查考察，当前屠宰厂（户）实施的肉牛分级情况

汇总起来，大概可分为以下两种分级标准：

1. 屠宰前活牛分类定级

屠宰前活牛的分类定级很粗糙，仅分为阉公牛、公牛、母牛及是否符合屠宰要求的牛（体重、体质、体膘的情况及体表面有无伤痕）。这种粗分类不作为肉牛最后定价的依据。

2. 屠宰后肉牛分等定级

（1）定级依据　肉牛屠宰后定级的主要依据是屠宰率（%）、背部皮下脂肪厚度（毫米）、胴体体表脂肪颜色、胴体重量等几项。以52%的肉牛屠宰率起步为活牛作价，增加或减少1个百分点，每千克活重相应加或减。屠宰率越高，牛的卖出价就越高。

（2）定级标准　屠宰后肉牛分等定级，一般分为特级（S级，即高档牛肉）、一级（A级，即优质牛肉）、二级（B级，即普通牛肉）、三级（C级，即等外级牛肉）共四级，现将笔者调查考察的分级标准归纳于表7-3中。

表7-3　屠宰牛分级标准

项　　目	特级（S级）	一级（A级）	二级（B级）	三级（C级）
品　　种	纯种牛①	纯种牛①	要求不严	无要求
年龄/月龄	<36	<36	<48	≥48
性别	阉公牛	阉公牛	阉公牛	不严
屠宰前活重/千克	≥580	≥530	≥480	≥350
胴体重/千克	≥300	≥240	≥220	<220
屠宰率（%）	≥52	≥52	≥50	<50
背部脂肪厚度/毫米	≥15	≥10	<10	光板
脂肪颜色	白色	白色	微黄色	黄色
胴体体表伤痕淤血	无	无	少量	较多
胴体体表脂肪覆盖率（%）	≥90	≥85	≥80	<80
大理石花纹（一级最好）	丰富（一级）	较丰富（一、二级）	少量（三级）	无
牛品种或产地	南牛②	南牛	不严	不严

① 纯种牛指鲁西牛、晋南牛、秦川牛、南阳牛、延边牛、复州牛、郏县红牛、渤海黑牛、冀南牛、大别山牛、新疆褐牛和草原红牛等。

② 南牛指鲁西牛、晋南牛、秦川牛、南阳牛、郏县红牛、渤海黑牛、冀南牛、大别山牛等。

3. 肉牛育肥目标

不管是肉牛的单纯育肥饲养户还是肉牛育肥、饲养、屠宰联营户，都要确定肉牛的育肥饲养目标。育肥饲养目标确定的依据是牛肉的消费市场，即牛肉消费者的需求。当前大部分养牛者不太了解牛肉的市场消费数量、质量需求及牛肉的市场定位，因此，肉牛育肥饲养目标比较模糊，甚至是盲目生产。肉牛屠宰企业收购优质牛不优价，屠宰后胴体修整时过多地去掉应该属于胴体的部分，致使屠宰率偏低，养牛者损失太大，同时，也造成肉牛屠宰企业收不到优质牛。

养牛者要根据屠宰企业对肉牛的收购价格、收购标准及自身的实际情况进行肉牛育肥饲养。育肥饲养目标大致可分为 3 类：一类以改善和提高牛肉品质为育肥目标（高档肉牛育肥饲养），这一类型中又可分为第一亚型日本烧烤肉类型，第二亚型美国西餐肉类型，第三亚型欧洲牛肉类型；二类以增加牛肉产量和提高牛肉品质为育肥目标（优质肉牛育肥饲养）；三类以增加牛肉产量为育肥目标（普通肉牛育肥饲养）。

三、饲料配合技术

饲料配合技术是指将几种或多种饲料按比例配制成能满足育肥牛不同体重阶段生长发育需要的各种营养物质的配合饲料。配合饲料所含成分接近肉牛生长发育需要的各种营养物质的数量、质量要求（配合饲料的能量、粗蛋白质水平、矿物质含量、干物质含量；每头肉牛每天预计采食量、预计日增重、增重 1 千克活重的饲料费用等）。在设计某一体重阶段育肥牛的饲料配方时，要尽量做到饲料易采购、成本低、适口性好、易消化。因此，应用饲料配合技术时，既要了解各种饲料的营养特性，又要发挥各种饲料的作用，还要了解肉牛所处体重、体质、体膘等情况，按照肉牛育肥目标灵活使用饲料配合技术。

目前，饲料配合技术应用较为广泛的是计算机法。采用饲料配合技术应用需注意：①精饲料和粗饲料的比例（以干物质为基础）切忌 1∶1。②配方饲料的含水量以 50% ~55% 为好。

四、饲料饲喂技术

（1）日粮充分搅拌均匀后投喂 在人工搅拌日粮时，最少应有 5 次翻转，被翻转的饲料形状如馒头，饲料的每一次翻转均由馒头顶部均匀向下抛滚；在用机械搅拌日粮时最少应有 5 分钟的翻转过程。

（2）保持日粮新鲜 每次调配的日粮，以一次能用完为最好。调配

的日粮不要堆积时间太长（1~2小时），堆积厚度太大（5~15厘米），尤其是夏季，容易发热变味，影响牛的采食。

（3）每天的饲喂次数　采用自由采食制度，24小时饲槽有饲料，牛随时能采食到需要的饲料；采用定时定量饲喂时，每天饲喂2~3次，每次采食时间不少于2小时。

（4）每头每天日粮（饲料）**饲喂量**　肉牛育肥期，每头每天日粮饲喂量以牛能吃饱为限。由于配合饲料的质量、含水量等的差异，要确定一个不变的每头每天日粮的饲喂量是比较困难的。但是，用饲料的干物质量，仍然能提出每头每天日粮的饲喂量的参考量是：体重在250~300千克阶段，每头每天日粮的饲喂量为体重的2.9%~3.2%；体重在300~350千克阶段，每头每天日粮的饲喂量为体重的2.5%~2.8%；体重在350~400千克阶段，每头每天日粮的饲喂量为体重的2.2%~2.4%；体重在400~450千克阶段，每头每天日粮的饲喂量为体重的2%~2.2%；体重在450~500千克阶段，每头每天日粮的饲喂量为体重的1.8%~1.9%；体重在500~550千克阶段，每头每天日粮的饲喂量为体重的1.7%~1.8%；体重在550~600千克阶段，每头每天日粮的饲喂量为体重的1.6%~1.7%。

（5）夏季、冬季重视夜间饲喂　夏季白天天气热，高温影响牛的采食。而到夜间，气温相对低也较凉爽，牛有较强的食欲。因此，要重视夏季夜间喂料，而白天可以少喂或停喂。

冬季白天短，夜间漫长，从下午喂牛后到第二天天亮再喂牛的间隔时间长达14小时以上。据笔者在寒冷的三九天，24：00~3：00期间的观察，仍有数量不少的牛吃料饮水。因此，冬季的夜间也应给牛喂料饮水。

（6）不喂懒槽，少喂勤添　使用喂料机喂牛时，每天应喂料3~4次；人工喂料时，一次采食时间内的加料次数应为3~4次。

（7）保证质量　不喂霉变、有毒饲料。

（8）准时准点喂料　不论用何种方法喂牛，应该做到准时准点，养成牛采食的条件反射，以提高牛的采食量。

五、全株玉米青贮饲料喂牛技术

全株玉米青贮饲料是指玉米生长进入乳熟中、后期时将整株玉米（植株、玉米穗、玉米叶）青割加工（长度为1~2厘米），然后入窖发

酵的青贮饲料，为肉牛育肥中常用和不可缺少的优质饲料。其适口性好，牛喜欢采食；成本低；饲养效果好；易保存，保存期营养损失少。

第一，使用量自然状态下全株玉米青贮饲料在肉牛育肥的各体重阶段用量可达40%～60%。

第二，料要随取随时用，防止堆放时间过长发生二次发酵而变质。夏季不超过2小时，其他季节为6～8小时。

第三，料断面（青贮窖）要及时封盖，减少二次发酵造成损失。

第四，要与其他饲料调配充分、搅拌均匀。

第五，已经调配合适的日粮不能堆积太厚，一般夏季为5～10厘米，其他季节为10～15厘米。

第六，青贮饲料酸度太高时，应用适量碱类中和，以降低酸度。

第七，全株玉米青贮饲料饲喂育肥牛的效果。乳熟期收获青贮的全株玉米和蜡熟期收获晒干粉碎玉米饲喂育肥牛的效果见表7-4，全株玉米青贮饲料组饲喂育肥牛的效果明显好于干玉米粉组。

因此，笔者认为，饲喂全株玉米青贮饲料是提高育肥牛的增重、降低育肥牛饲养成本的有效措施之一。

表7-4　全株玉米青贮料饲喂育肥牛的效果

饲料名称		平均日增重/千克	每增重1千克活重消耗饲料量/千克		增重1千克活重成本/元
			精饲料	粗饲料	
全株玉米青贮饲料		0.76	2.93	3.11	4.08
干玉米粉		0.69	3.65	4.40	4.82
比较	干玉米粉	100.00	100.00	100.00	100.00
	玉米青贮饲料	110.15	80.27	70.68	84.65

六、围栏育肥饲养和拴系育肥饲养技术

（1）围栏育肥饲养技术　围栏育肥饲养适合于规模化育肥牛场（养牛大户、专业架子牛育肥场、国有或集体育肥牛场，牛的饲养量在几十头以上的饲养场），以有无天棚分为有天棚舍饲围栏育肥饲养和无天棚露天舍饲围栏育肥饲养。

1）无天棚露天舍饲围栏育肥饲养。在土地较多、气候较干燥的中原地带（区），可以设计无天棚露天舍饲围栏育肥饲养牛场。这种牛场的每个围栏面积可大可小，大的可达3000米^2，养牛200头；小的为150

米^2，养牛 10 头，不论每个围栏面积大小，每头牛占有围栏面积都为 12～15 米^2。这种牛场的地面多数为草地或草坡，有坡度（10% 左右）。无天棚露天舍饲围栏育肥饲养牛场的最大优势是投资少。

2）有天棚舍饲围栏育肥饲养。有天棚舍饲围栏育肥饲养牛场的每个围栏面积为 40～60 米^2，养牛 10～15 头，每头占有围栏面积 4～5 米^2。如何看待和处置一头育肥牛占有面积和养牛成本的关系，笔者总结了一个设计存栏量为 3000 头的育肥牛场（总面积为 12800 米^2）的情况（表 7-5），供参考。

表 7-5　有天棚舍饲围栏育肥饲养每头育肥牛占有面积和所需费用

养牛数/头	每头每天的费用/元	占有围栏面积/(米^2/头)
2200	4.52	5.82
2500	3.98	5.12
2900	3.43	4.41
3070	3.24	4.17

在总面积相同时，养牛数量越多，每头每天的费用（元）就越低。

围栏育肥时饲养密度（每头牛占有的围栏面积）是否会引发育肥牛的疾病，下面有一个材料（表 7-6）可供参考。

表 7-6　每头牛占有的围栏面积及淘汰率

序号	育肥牛场项目	甲育肥牛场	乙育肥牛场
1	牛围栏面积/米^2	12280	12280
2	养牛量/头	2474	1744
3	每头牛占有的围栏面积/米^2	4.96	7.04
4	牛的淘汰数/头	121	94
5	淘汰率（%）	4.94	5.38

上述材料告诉我们，饲养密度大，牛的淘汰率不一定高。这是利用有限面积饲养更多牛的一个有益的启示。

有天棚舍饲围栏育肥饲养牛场的地面，有的为经过硬化处理的土地，有的为水泥地面，有的为砖块地面，各地可因地制宜选材。地面必须有坡度（10% 以上）。

无论是无天棚露天舍饲围栏育肥饲养还是有天棚舍饲围栏育肥饲养，都要使育肥牛在24小时内可以任意采食饲料、任意饮水。

（2）拴系育肥饲养技术 拴系育肥饲养时每头育肥牛的牛头上拴一根长2米左右的绳子，饲喂时将牛拴在牛围栏的柱子上。饮水槽的设置有的与饲槽合而为一，有的单独设饮水槽。在前一种情况下，喂完饲料后即时给饮水；在后一种情况下，喂完饲料后由饲养员牵牛饮水，饮水完毕，将牛拴系在育肥牛休息地。拴系育肥饲养时的牛舍牛栏设计，笔者建议采用两上两下或三上三下的方式。

1）两上两下饲喂法。将育肥牛分成两个部分，第一部分牛拴系在饲槽边采食饲料，第二部分牛拴系在饮水槽边饮水（有条件时可以铺设自动饮水器，自动饮水器参阅第一章），待第一部分牛采食结束后（育肥牛采食饲料的时间不少于2小时）与第二部分牛交换，第一部分牛饮水，第二部分牛采食饲料。这种饲养模式设计的优点是饲槽、饮水槽的利用率提高了1倍，在同样大小的牛舍牛栏面积上，牛的饲养量增加了1倍。两上两下喂牛饮水的作息时间见表7-7。

表7-7 两上两下喂牛饮水的作息时间

循环	肉牛	冬季		夏季	
		喂料	饮水	喂料	饮水
第一循环	第一部分牛	6：00	8：00	4：00	6：00
	第二部分牛	8：00	10：00	6：00	8：00
第二循环	第一部分牛	16：00	18：00	18：00	20：00
	第二部分牛	18：00	20：00	20：00	22：00

2）三上三下饲喂法。将育肥牛分成3个部分，第一部分牛拴系在饲槽边采食饲料，第二、第三部分牛拴系在饮水槽边饮水。待第一部分牛采食结束后（育肥牛采食饲料的时间不少于2小时）与第二部分牛交换，第一、第三部分牛饮水，第二部分牛采食。待第二部分牛采食结束后与第三部分牛交换，第一、第二部分牛饮水，第三部分牛采食，这种饲养模式设计的优点是饲槽、饮水槽的利用率提高了2倍，在同样大小的牛舍牛栏面积上牛的饲养量增加了2倍。三上三下喂牛饮水的作息时间见表7-8。

表 7-8 三上三下喂牛饮水的作息时间

循环	肉牛	冬季		夏季	
		喂料	饮水	喂料	饮水
第一循环	第一部分牛	5：00	7：00	4：00	6：00
	第二部分牛	7：00	9：00	6：00	8：00
	第三部分牛	9：00	11：00	8：00	10：00
第二循环	第一部分牛	15：00	17：00	16：00	18：00
	第二部分牛	17：00	19：00	18：00	20：00
	第三部分牛	19：00	21：00	20：00	22：00

拴系育肥饲养时，育肥牛每天饲喂饲料 2 次、饮水 2 次，拴系育肥饲养方法基本上是一种限制育肥牛采食和饮水的养牛方式，笔者推荐围栏育肥饲养方法。

七、以增加体重为育肥目标的饲养管理技术

（1）按体重分群

1）小体重品种牛（育肥结束体重为 380～400 千克的黄牛）。饲养小体重品种牛，采取以增加体重为育肥目标的饲养管理技术。依据体重分为开始育肥体重 250 千克和 280 千克两种。①开始育肥体重为 250 千克，育肥饲养时间为 90～120 天（过渡期饲养 5 天，育肥期饲养 30 天，催肥期饲养 55～85 天）；根据体重、期望日增重设计饲料配方及每头每天的饲喂量。②开始育肥体重为 280 千克，育肥饲养时间为 85～90 天（过渡期饲养 5 天，催肥期饲养 80～85 天）；根据体重、期望日增重设计饲料配方、每头每天的饲喂量。

2）大体重品种牛（育肥结束体重为 550～600 千克的肉牛）。饲养大体重品种牛，采取以增加体重为育肥目标的饲养管理技术。依据体重分为开始育肥体重 400 千克和 450 千克两种。①开始育肥体重为 400 千克。②开始育肥体重为 450 千克。③分阶段饲养，一般分为过渡期、育肥期、催肥期（表 7-9）。④根据体重、期望日增重设计饲料配方、每头每天的饲料喂量。

表 7-9 架子牛育肥饲养期分阶段设计

架子牛体重/千克	过渡期		育肥期		催肥期	
	饲养日/天	增重/克	饲养日/天	增重/克	饲养日/天	增重/克
450	5	800			85	1200
400	5	800	30	1000	85	1100

(2) 不按体重分群混养 ①日粮营养水平由低到高，变动较快。②采用提高肉牛采食量的全部技术措施要点。③严格防止饲料酸中毒，加喂碳酸氢钠（精饲料量的3%～5%）。④饮水及时、充分、清洁卫生。⑤牛舍环境安静、清洁卫生、干燥通风。⑥管理规范化、制度化、科学化。

(3) 强度育肥技术 以增加体重为育肥目标的肉牛饲养过程中，常常会使用强度育肥技术。强度育肥技术的要点如下：①日粮搅拌充分、均匀，含水量以50%为好，搅拌后即投喂。②日粮中维持净能高达7.6～7.8兆焦/千克饲料，粗蛋白质含量为9%～10%（以干物质为基础），限量限时使用瘤胃素［300毫克/(头·天)］或碳酸氢钠（精饲料量的3%～5%）。③日粮中粗饲料的比例仅占15%～25%（以干物质为基础）。④少喂勤添，既不喂懒槽，又保持饲槽里有料；重视夜间饲喂，尤其在夏、冬季。⑤常检测牛体重，从牛体重变化中检验饲养技术措施是否到位，是否需要改进。⑥强度育肥时间以90～120天为好。

八、以改进牛肉品质为目标的育肥饲养技术

在实施高档（类似日本A级）牛肉生产过程的最后阶段中，常常会采用高能日粮饲喂技术。肉牛高能日粮是指1千克日粮中含有代谢能10.9～11兆焦，或1千克日粮中维持净能达到7.6～7.8兆焦，或日粮中精饲料（以干物质为基础）占70%以上。高能日粮是生产高档牛肉的重要技术措施，其技术要点如下：

(1) 把握好过渡期 ①肉牛进入高能日粮饲喂期前应有过渡期，但过渡期以7～10天为好。②营造良好的高能日粮育肥牛的环境条件：干燥通风、清洁卫生、安静舒适，管理科学化、规范化、制度化。③防疫保健措施到位，使其具有健壮的身体、旺盛的食欲、较高的饲料效率。

(2) 把握好高能日粮饲喂时间 高能日粮饲喂育肥牛能否取得实效，饲喂高能日粮的时间是关键之一。一般地说，高能日粮喂牛的时间为90～120天。高能日粮饲喂结束后应立即出栏。

(3) 正确安排饲养期和精心设计日粮配方 只有适宜的饲养期和日粮配方的精心设计，才能取得高能日粮饲喂肉牛的良好效益。表7-10是笔者在饲养实践中得到的关于日粮配方和饲料喂量的资料，供参考。

表 7-10　日粮配方和饲料喂量

阶　　段	饲养/天	日粮中精饲料（以干物质为基础,%）	日粮含水量（%）	日粮饲喂量/(千克/头)
1	1～20	55～60	55～65	16～18
2	21～50	66～70	55～65	17～19
3	51～90	71～75	60～65	18～20
4	91～120	76～85	60～65	17～19

（4）防止饲料酸中毒　为防止饲料酸中毒（俗称“过料”、拉稀、腹泻），可在日粮中加精饲料量的3%～5%碳酸氢钠或每头每天加喂250～300毫克瘤胃素，进行防治。

九、老龄牛育肥饲养技术

对老龄牛育肥饲养以达到提高牛肉品质的目的，没有太大意义，但是对老龄牛育肥饲养以达到提高该牛的经济价值，确有一定的空间，这是我国黄牛的一大特点。据笔者调查，风靡我国餐桌上的肥牛火锅原料，相当一部分来自老龄育肥牛，因为老龄牛育肥时沉积脂肪的能力强、速度快。因此，要关注老龄牛的育肥饲养。

（1）老龄牛育肥饲养的要点　①选择营养价值高、易消化吸收的饲料，如苜蓿干草等。②饲料配方中以能量饲料（玉米）、全株玉米青贮饲料为主的高能日粮，配合饲料的含水量为50%～55%。③饲料配方中粗蛋白质的含量为9%～10%。④饲料喂量（以风干重为基础）按牛体重的1.9%～2.1%估算。⑤每天饲喂2～3次（有条件最好自由采食）。

（2）老龄牛育肥的管理要点　①尽量减少运动量，以拴系喂养较好。②充分饮水。最好使用碗式饮水器，自由饮水。③强度育肥时间以90～120天为好。④加强防疫保健措施，保持健壮的体质。

十、高档（类似日本A级）牛肉生产技术

国内外五星级饭店的餐饮，应顾客的消费要求，需要的牛肉品质极高，如牛柳、西冷、眼肌、上脑、S特外（撒拉伯尔）、带骨腹肉、牛小排（牛仔骨）、S腹肉、胸肉、卡鲁比、嫩肩肉等，牛肉价格昂贵。直到当前，高档牛肉仍供不应求，流传着“不怕价格高就怕没有货”的说法。根据笔者对生产实践的体会，生产这种高档牛肉的技术主要有以下几方面：

（1）生产高档牛肉育肥牛的品种 生产高档牛肉的肉牛品种，除去荷斯坦公牛、体型较小的（育肥结束体重小于450千克）品种牛以外（因为高价牛肉对牛肉部位分割肉块有重量要求）的我国纯种牛、杂交牛（父本除荷斯坦公牛及小型品种牛），都可以育肥饲养成高价牛肉。

（2）生产高档牛肉育肥牛的年龄 生产高档肉块时，最适宜的肉牛屠宰年龄为：我国中原、东北肉牛带较大体型纯种牛为30~36月龄，杂交牛为30月龄。

（3）生产高档牛肉育肥牛的体重 生产高档牛肉时，较小体重开始育肥容易获得。开始育肥体重在200千克左右，结束体重应在550千克以上。

（4）生产高档牛肉育肥牛的性别 生产高档牛肉时应利用阉公牛，公犊牛去势（阉割）时间以3~6月龄最好。不去势牛育肥后大理石花纹等级差，很难达到高价牛肉标准要求。

（5）生产高档牛肉育肥牛的时间 生产高档牛肉时，育肥时间分为“体重增长期”和“肉质改善期”。一般“体重增长期”的饲养时间为12~14个月，“肉质改善期”的饲养时间为6~8个月。总育肥时间为18~20个月，也有超过24个月的。

（6）生产高档牛肉育肥牛的日粮水平 生产高档牛肉时，育肥牛的饲料配方在“体重增长期”中蛋白质水平（以干物质为基础）的比例要高一些，在13%以上，能量水平低一些，即青、黄贮饲料和粗饲料的比例高。“肉质改善期”中蛋白质水平可低一些，在11%以下，能量水平高一些，即精饲料比例高。切忌在“体重增长期”中采用高能量日粮水平、追求高增重，而在“肉质改善期”中采用高蛋白质、低能量日粮水平生产高档牛肉。笔者推荐生产高档牛肉的育肥牛日粮水平见表7-11。

表7-11 推荐生产高档牛肉的育肥牛日粮水平

序 号	体重阶段/千克	维持净能/(兆焦/千克)	增重净能/(兆焦/千克)	粗蛋白质(%)	预计日增重/克
1	200~250	6.35~6.36	3.27~3.28	14.39	700~750
2	251~300	6.88~6.90	3.82~3.83	13.20	800~850
3	301~350	6.72~6.73	3.69~3.70	13.51	800~850
4	351~400	7.12~7.13	4.00~4.02	12.65	800~850

（续）

序　号	体重阶段/千克	维持净能/(兆焦/千克)	增重净能/(兆焦/千克)	粗蛋白质(%)	预计日增重/克
5	401~450	7.24~7.25	4.20~4.21	12.23	900~950
6	451~500	7.47~7.48	4.25~4.26	12.17	900~950
7	501~550	7.32~7.33	4.32~4.33	10.81	850~900
8	551以上	7.71~7.72	4.71~4.72	10.85	800~850

（7）生产高档牛肉育肥牛的全程日粮　生产高档牛肉育肥牛的全程日粮中，笔者推荐使用全株玉米青贮饲料，但在“肉质改善期”使用全株玉米青贮饲料的比例要有所下降（降幅为干物质量的3%~5%），由苜蓿草替代；在“肉质改善期”使用大麦（蒸汽压片，每头每天0.5~0.75千克）和棉籽（整粒，每头每天0.25~0.35千克）。

（8）生产高档牛肉育肥牛的模式　生产高价牛肉时，养牛者最好也是肉牛屠宰或牛肉销售者（肉牛饲养和肉牛屠宰为两个单独核算单位）；或者委托屠宰，牛肉自行销售；或者和屠宰户签订定向育肥合同，肉牛以质定价；切忌盲目生产。养牛者的经营方式为前店后场式（既养牛，又屠宰加工牛肉、开牛肉销售的连锁店及以牛肉为特色的餐馆）的经营模式。创名牌、品牌产品时，应以长期育肥饲养才能获得较高、较稳定的经济效益。

（9）生产高档牛肉育肥牛的屠宰　生产高价牛肉时，肉牛屠宰应实行“吊宰”“同步卫检”“胴体低压电刺激”“胴体成熟”“胴体分割”“产品可追溯系统”等技术措施，这些措施的实施不仅能提高牛肉的品质，也能提升牛肉的安全性。

1）吊宰。肉牛屠宰时牛头向下，毛牛沥血时间以9分钟最好。

2）同步卫检。在牛屠宰加工过程中，主产品（牛胴体）的行进位置和副产品（牛皮、红白内脏、牛头、牛蹄）的行进位置同步。一旦主产品（如98号牛）出现问题能立即找到98号牛的副产品，或者98号牛的副产品出现问题也能马上能找到主产品98号牛的胴体。

3）胴体低压电刺激。由特制的低压电刺激仪对毛牛进行电刺激60秒（30个脉冲电流），电压可调节（36~72伏）。其主要作用为促进血液排放，方便剥皮，改善牛肉嫩度。

4）胴体成熟。胴体进入胴体成熟间进行成熟。温度为0~4℃，成

熟时间不少于 7 天。如实施二次成熟技术，则整胴体成熟 72 小时后分割；需要二次成熟的肉块，二次成熟时间依牛肉品质和价格的高低而定，一般为 4 ~ 9 天。

5）胴体分割。按牛肉用户要求的形态、大小、规格进行牛肉切割。

6）产品可追溯系统。通过记录证明追溯产品的历史、使用和所在位置的能力（即材料和成分的来源、产品的加工历史、产品交货后的销售和安排等）。

（10）我国黄牛具备生产高档牛肉的条件 我国当前虽然没有专用肉牛品种，但是利用我国现有的体型较大的黄牛品种、国内外肉牛饲养的先进经验、肉牛屠宰分割技术等，也能生产出和国外质量类同、类型类同的牛肉。这说明我国黄牛已具备生产高档牛肉的条件。

（11）生产高档牛肉育肥牛的生活环境条件 一是不在低洼潮湿、地下水位高的地方建造牛舍，牛舍要求干燥、通风良好；二是牛舍最佳温度为 7 ~ 27℃，空气相对湿度为 30% ~ 50%；三是生活环境安静、幽雅，清洁卫生，冬有防寒、夏有防暑措施；四是饲养方式最好采用自由采食、自由饮水，每头育肥牛应占有牛栏面积 6 ~ 7 米^2；五是牛舍周边 2000 米范围内无污染源，无猪、鸡、牛养殖场；六是育肥牛管理规范化、制度化、科学化，切忌急功近利、急于求成，而应循序渐进。

（12）养牛者的资金实力 生产高档牛肉的过程较长，投入的资金较多，而资金周转又慢，因此资金实力较小时不宜较大规模地生产高档牛肉，以年生产 1000 ~ 2000 头较好，能获得较高的经济效益。

（13）养牛者的技术水平 养牛者自身或聘任的技术顾问的养牛技术水平较高时，生产高档牛肉能获得较高的经济效益。

（14）养牛者拥有的市场信息 养牛者拥有的市场信息量（包括国内、国际信息）越多，越容易为适应市场变化，采取短期育肥饲养或长期育肥饲养方式，有利于生产高档牛肉。

（15）养牛者的经营之道 经营管理水平高、能力强的养牛者生产高档牛肉能获得较高的经济效益。

（16）市场价格稳定 饲料价格和牛肉价格稳定，养牛的利润空间较大，生产高档牛肉能获得较高的经济效益。

（17）肉牛屠宰户和饲养户互惠互利 肉牛屠宰户、肉牛饲养户共同赢利，才能发展我国高档牛肉生产。

十一、无公害牛肉生产技术

（1）育肥肉牛品种　我国现有的地方品种牛及引进肉用品种牛和地方品种牛的杂交牛，均可生产无公害牛肉。

（2）育肥肉牛性别　由于阉公牛的肉嫩度好、肉味纯真，因此育肥牛以阉公牛为好。

（3）育肥肉牛年龄　①牛肉嫩度和牛的年龄关系密切，大年龄牛的牛肉嫩度差。②牛年龄和肉牛育肥期的增重速度有关，12～24 月龄牛的增重速度较好。③16～24 月龄阶段是牛肉大理石花纹形成的高峰期，综合考虑，选择 12～16 月龄牛为育肥牛的开始期，30 月龄牛为育肥牛的结束期。

（4）育肥肉牛结束体重　①较大体型品种牛，580 千克以上。②较小体型品种牛，380 千克以上。

（5）育肥肉牛饲料　①肉牛常用饲料有玉米、棉籽饼、麦麸、米糠、干玉米秸、苜蓿草、麦秸、野草、黄贮玉米秸和酒糟等。②有条件的最好使用全株玉米青贮饲料。

（6）育肥肉牛饲料配方　参考美国 NRC 标准或肉牛能量单位标准、综合净能标准，设计育肥牛的饲料配方。设计时要依据育肥牛品种、年龄、体重体膘、性别、育肥目标、育肥饲养者经济条件、牛肉消费市场价格、饲料价格和育肥者技术水平等进行。

（7）育肥肉牛饲料调制　①将各种饲料调制均匀后喂牛。②调制好的饲料应尽快喂牛（现调现喂），堆积时间不宜过长（尤其是夏季）。

（8）育肥肉牛饲料饲喂次数　①有条件时实施自由采食。②实行定时定量时，每天喂牛次数不少于 2 次。

（9）肉牛场污水排放标准　一是肉牛饲养场（或养牛小区）水冲工艺最高允许排水量：每 100 头牛每天用水量冬季为 20 米^3，夏季为 30 米^3。二是肉牛饲养场（或养牛小区）干清粪工艺最高允许排水量：每 100 头牛每天用水量冬季为 17 米^3，夏季为 20 米^3。三是肉牛饲养场（或养牛小区）水污染物最高允许日均排放浓度：生化需氧量为 150 毫克/升，化学需氧量为 400 毫克/升，悬浮物为 200 毫克/升，氨氮为 80 毫克/升，总磷（以 P 计）为 8 毫克/升，粪大肠杆菌数为 10000 个/毫升，蛔虫卵为 2 个/升。

（10）育肥肉牛管理　①每隔 30 天在早晨喂牛前进行个体称测体

重。②每天观察牛几次，包括粪便、反刍、鼻镜、眼神和体表等情况。③每天清扫粪尿几次。④定时进行防疫注射。⑤定期消毒。⑥夏季防暑降温，冬季防寒防冻。⑦防偷防盗。

（11）育肥肉牛适时出栏 达到既定的育肥目标时应及时出栏。

（12）育肥肉牛的出售 ①自设屠宰设备，出售分割牛肉为上策，利润空间最大。②委托屠宰、出售分割牛肉为次上策，利润空间较大。③出售活牛为下策，利润空间最小。

（13）肉牛场坚决杜绝使用禁用兽药药品

1）允许使用的用于肉牛疾病预防和治疗的中药材、中成药。主要有陈皮、桂皮、豆蔻、小茴香、姜、辣椒、干酵母、山楂、麦芽、藜芦、菜油、芝麻油、花生油、远志、桔梗、甘草、杏仁、贝母、车前子、泽泻、茯苓、猪苓、益母草、柴胡、黄连、大蒜、黄柏、穿心莲、板蓝根、大青叶、千里光、马齿苋、野菊花、鱼腥草、黄芪、紫花地丁、金银花、连翘、大叶桉、槟榔、鹤草芽、烟叶、马钱子酊、神曲、大蒜酊和复方樟脑酊等。

2）允许使用的化学药品。钙、磷、硒、钾药有氯化钙、葡萄糖酸钙、乳酸钙、磷酸二氢钙和亚硒酸钠等；酸碱平衡药有碳酸氢钠、乳酸钠、氯化铵等；体液补充药和电解质补充药有氯化钠、氯化钾、葡萄糖等；血容量补充药有全血、血浆、右旋糖酐等；抗贫血药有硫酸亚铁、柠檬酸铁铵、葡萄糖铁、葡萄糖铁钴溶液等；维生素类药有维生素 AD 注射液、醋酸维生素 E、维生素 B_1、维生素 B_2、维生素 C 等；吸附药有滑石粉、氧化锌、淀粉、碳酸钙、白陶土、药用炭等；泻药有：硫酸钠、硫酸镁、液状石蜡等；润滑剂有凡士林、羊毛脂、花生油等；酸化剂药有盐酸等；局部止血药有明胶海绵、淀粉海绵等；收敛药有硫酸锌、明矾、氧化锌、硫酸铝、碱式硝酸铋、鞣酸蛋白等；助消化药有稀盐酸、胃蛋白酶、乳酶生、胰酶和干酵母等。

3）允许使用国家兽药管理部门批准的微生态制剂。有乳康生、促菌生、益生素等。

4）慎用兽药。作用于神经系统的兽药如阿托品、可卡因等；循环系统的兽药如洋地黄毒苷等；呼吸系统的兽药如氯化铵、可待因等；泌尿系统的兽药如氢氯噻嗪（双氢克尿噻）等。

（14）无公害生产肉牛场对消毒的要求

1）消毒剂。应选择对人、肉牛、环境安全，没有毒性残留，对设

备没有破坏，并且在肉牛体内没有积累，如次氯酸盐、有机碘混合物、过氧乙酸、新洁尔灭等进行喷雾消毒。

2）消毒方法。①喷雾消毒：对已经清洗后的牛舍、带牛环境、牛场道路及周围、进入场区的车辆用规定浓度的次氯酸盐、有机碘混合物、过氧乙酸、新洁尔灭等进行喷雾消毒。②浸液消毒：用规定浓度的有机碘混合物、新洁尔灭等溶液洗手、洗工作服和胶鞋。③紫外线消毒：人员入口处设紫外线灯，每次人员通过时至少照射 5 分钟。④喷洒消毒：在牛舍周围、牛舍出入口、产床和牛床下撒生石灰或喷洒 2%～3% 火碱（氢氧化钠）液消毒。⑤火焰消毒：在用消毒药不易消毒的部位用喷灯的火焰瞬间喷射消毒。⑥熏蒸消毒：在每立方米容积内用 40% 甲醛液 42 毫升、高锰酸钾 21 克，在 21℃ 以上温度、70% 以上空气相对湿度条件下，封闭熏蒸 24 小时。

（15）无公害肉牛场无害化处理的要求

1）无害化处理废渣的标准。蛔虫卵的死亡率应大于 95%；粪大肠杆菌数应小于 10^5 个/千克。

2）肉牛场恶臭污染物排放标准。臭气浓度标准：70。

（16）无公害食品（牛肉）质量考核指标　该考核指标见表 7-12。

表 7-12　无公害食品（牛肉）质量考核指标

序　号	项　　目	限量/（毫克/千克）
1	砷（As）	≤0.5
2	汞（Hg）	≤0.05
3	铜（Cu）	≤10
4	铅（Pb）	≤0.1
5	铬（Cr）	≤1.0
6	镉（Cd）	≤0.1
7	氟（F）	≤2.0
8	亚硝酸盐（$NaNO_2$）	≤3.0
9	敌百虫	≤0.1
10	敌敌畏	≤0.05
11	盐酸克伦特罗	不得检出（检出线 0.01）
12	氯霉素	不得检出（检出线 0.01）
13	恩诺沙星	肌肉≤0.1，肝脏≤0.3，肾脏≤0.2

（续）

序　号	项　　目	限量/(毫克/千克)
14	庆大霉素	肌肉≤0.1，肝脏≤0.2，肾脏≤1.0，脂肪≤0.1
15	土霉素	肌肉≤0.1，肝脏≤0.3，肾脏≤0.6，脂肪≤0.1
16	四环素	肌肉≤0.1，肝脏≤0.3，肾脏≤0.6
17	青霉素	肌肉≤0.05，肝脏≤0.05，肾脏≤0.05
18	链霉素	肌肉≤0.5，肝脏≤0.5，肾脏≤1.0，脂肪≤0.5
19	泰乐菌素	肌肉≤0.1，肝脏≤0.1，肾脏≤1.0
20	氯羟吡啶	肌肉≤0.2，肝脏≤3.0，肾脏≤1.5
21	磺胺类	≤0.1
22	己烯雌酚	不得检出（检出线0.05）

十二、绿色食品牛肉生产技术

（1）肉牛对环境的要求

1）肉牛场环境。要求饲养肉牛基地的生态环境好，肉牛场环境符合《畜禽场环境质量标准》(NY/T 388—1999)。

2）场址选择。①建舍位置：要求所建的肉牛舍应依据肉牛的生长特点，结合当地的环境、地形、地势、气候等实际情况，选择适宜的位置。②周围环境：肉牛育肥舍应距屠宰场、化工厂、皮革厂等3000米以上，场（舍）应距公路干线500米以上，并符合《绿色食品　畜禽卫生防疫准则》(NY/T 473—2016)，以防止病原微生物的侵袭及有害气体的污染。

3）舍内环境。要求所建牛舍能为肉牛育肥创造良好的生活环境，便于饲养管理和卫生防疫，保证肉牛健康生长。牛舍冬暖夏凉，夏季通风排气良好。舍内空气新鲜，温度不超过27℃。冬季保温性良好，舍温保持在5℃以上。夏季舍内空气相对湿度始终保持在60%～65%，冬季空气相对湿度保持在55%～60%。氨气浓度小于20×10^{-4}%。牛舍要保持清洁、干燥和卫生。

4）交通。要求出入方便，交通便利。距放牧地不宜太远，饲草、饲料运输方便。

5）场（舍）内布局。①原则：要以有利于生产、管理、防疫和方便生活为原则，统一设计规划。场（舍）单独隔离。办公区、生活区距

场（舍）50米以上；进入场（舍）必须有消毒设施，消毒药品器具完备。②污物处理：场（舍）下风向100～150米以外建有固定的粪便、垃圾处理场和污水井，并符合《畜禽养殖业污染物排放标准》（GB 18596—2001）。③病死牛处理：为有效防止疫病的传播，在场（舍）下风向150米以外的地方建病死畜焚烧炉。

（2）肉牛对饲料的要求

1）饲料来源。①饲养肉牛所用的精、粗饲料必须由具备绿色食品生产条件的饲料基地供应。②定期检测精、粗饲料营养成分［检测标准为《绿色食品　饲料及饲料添加剂使用准则》（NY/T 471—2018）］。

2）放牧。饲料种植基地、人工草原、天然放牧场等环境，应符合《绿色食品　产地环境质量》（NY/T 391—2013）的要求。

3）添加剂。饲料所选用的各种添加剂应符合《绿色食品　饲料及饲料添加剂使用准则》（NY/T 471—2018）的要求。不允许使用违禁的激素、抗生素、化学防腐剂等添加剂。

（3）肉牛对饮水的要求　①饮水充分、清洁卫生。②定期检测水质。

（4）肉牛对防疫防治的要求

1）防疫。严格执行防疫制度，搞好综合防疫，按免疫程序进行预防接种。

2）兽药。防治肉牛疫病所用药物，以中草药、生物制品、矿物性药物为主，以增强肉牛自身免疫力为目的，严格控制抗生素及有害化学药物的使用，用药应符合《绿色食品　兽药使用准则》（NY/T 472—2013）的要求。

3）消毒。肉牛及场（舍）消毒以物理和生化消毒法为主，严禁使用毒性强的杀虫剂和灭菌防腐药物。圈舍，夏季每周消毒1次，冬季每2周消毒1次。

（5）肉牛的饲养

1）肉牛品种选择。①杂交牛。父本品种牛有西门塔尔、利木赞、夏洛来、德国黄牛、日本黑毛牛和安格斯牛等肉用品种改良我国各地方品种的小公牛，个体选择必须健康无病、生长发育良好、12～16月龄、体重200～300千克的公牛或阉牛。②纯种牛。较大体型牛有秦川牛、晋南牛、鲁西牛、南阳牛、延边牛、复州牛、渤海黑牛、郏县红牛、三河牛、草原红牛、科尔沁牛和新疆褐牛等，个体选择必须健康无病、生长发育良好、12～16 月龄、体重 180～250 千克的阉牛或公牛。较小体型牛有华南、西南、华中等地区的体型较小牛品种，个体选择必须健康无病、生长发育良好、12～16 月龄、体重 180～250 千克阉牛或公牛。犊牛饲养管理：犊牛 6 个月断奶后，在 6～16 月龄可采取舍饲或放牧和舍饲相结合的方式，放牧后补饲精料，营养符合肉牛生长发育要求，保证有充足的饮水。

2）育肥肉牛饲养方案。①育肥目标。确定肉牛育肥目标，以增加体重或以改善和提高牛肉品质为目标。确定肉牛育肥目标的依据是牛肉销售市场的需求量及价格和饲养利润。②育肥牛性别。目前育肥牛性别有公牛和阉公牛。以改善和提高牛肉品质为目标、追求高额利润时应选择阉公牛育肥；在牛肉销售市场对牛肉品质要求不高的条件下，选择以增加体重为育肥目标，可用公牛育肥。③育肥牛年龄。在以增加体重为育肥目标时选择年龄稍大的架子牛育肥；以改善和提高牛肉品质为目标、追求高额利润时应选择小年龄牛育肥。④育肥牛品种及体重。在以增加体重为育肥目标时选择体重较大的牛育肥；以改善和提高牛肉品质为目标、追求高额利润时应选择较小年龄、体重较大品种牛育肥。⑤育肥牛饲养方式。围栏育肥自由采食，饲料记量不限量，自由饮水；或者拴系育肥定时喂料，定时饮水。⑥饲料配方设计。确定使用的肉牛营养标准为美国 NRC 标准或肉牛能量单位标准、综合净能标准；按照肉牛育肥目标设计肉牛各阶段的饲料配方。⑦育肥肉牛饲料。肉牛常用饲料有玉米、棉籽饼、麦麸、米糠、干玉米秸、苜蓿草、麦秸、野草、黄贮玉米秸和酒糟等，有条件的最好使用全株玉米青贮饲料，适当使用饲料添加剂。

（6）肉牛育肥期的管理

1）舍饲育肥牛管理。①入栏牛全部实行舍饲。根据牛的年龄、体重、营养状况等，进行合理分群、编号、称重和登记建档，同时进行健康检查、驱虫、健胃和常规防疫注射。②日常管理：每天刷拭牛体 1 次，并经常注意观察牛的饮食、反刍、粪便和精神状态等，发现异常及时采取措施。③饲喂方法：根据育肥期体重变化，调整日粮配方进行饲养。每天定时定量，饲喂 2～3 次，饮水 3～4 次。有条件的可自由饮水，冬季饮温水。④饲料调制：饲料按配方在饲喂前调制混合均匀饲喂，防止霉变、冰冻或含泥沙等杂质。⑤出栏要求：根据入栏牛膘情、体重确定育肥期，适时出栏；大体型出栏牛最大月龄不超过 36 个月，体重在 500

千克以上，体质健壮，体躯丰满，做好生产记录；小体型出栏牛最大月龄不超过48个月，体重在380千克以上，体质健壮，体躯丰满，做好生产记录。

2）放牧育肥牛管理。①根据体重、性别、年龄等分群放牧。②夜间补喂精饲料，补料量为体重的1%～1.3%。③饮水充足。④放牧距离以2～3千米为原则。⑤早春放牧防止“跑野”（草少而跑远路，得不偿失）；秋季延长放牧时间，抓好秋膘。⑥9～10月每头牛注射倍硫磷防牛皮蝇。⑦适时出栏。大体型出栏牛最大月龄不超过48个月，体重在500千克以上，体质健壮，体躯丰满，做好生产记录；小体型出栏牛最大月龄不超过48个月，体重在380千克以上，体质健壮，体躯丰满，做好生产记录。

十三、有机食品牛肉生产技术

（1）产地生态环境　①有机食品产地生产环境，应选择远离城镇、工厂、交通干线、垃圾处理场等有污染源的地区。②生产企业应按产地适宜优化原则，因地制宜，合理布局。③可能使用禁用物质或受到污染的产地和水域，应进行环境质量监测，并符合《绿色食品　产地环境质量》(NY/T 391—2013）或相关标准的规定。④肉牛养殖应满足种群对生态因子的需求及与生活、繁殖等相适应的条件。

（2）转换期

1）要有转换申请方案。申请人应有一个明确、全面、可操作的转换方案，此方案应包括作物栽培和动物养殖等生产活动的历史现状。

2）转化期内的工作计划。例如，轮作、肥料管理、动物管理、饲料与饲料添加剂供应、病虫害防治、水土资源保持和管理等具体的转化措施。

3）转化期的时间安排要求。①新开荒地或撂荒多年的土地及一直按传统农业方式耕作的土地也需要至少1年的转化期。②认证机构可根据土地的使用情况、生态状况和生产管理水平，向申请者或有机食品生产者提出缩短或延长转化期的要求。③已转化的区域不得在有机与非有机管理之间反复。

（3）肉牛生产

1）一般原则。①有机肉牛生产的目标是对通过养殖全过程的科学管理，充分利用肉牛自身的生存能力和遗传优势。避免应激，避免使用

药物和部分化学物质，保护肉牛的健康和福利，提高肉牛产品质量，保持良好的生态平衡。②有机肉牛生产的管理必须包括整个养殖环境或农业体系，包括肉牛养殖场地周围的大气、水体、土壤和相关设施、设备的建设与维护。③有机肉牛生产的管理为养殖的全过程，包括肉牛的引入、繁育、饲养方法、饲料、屠宰和废弃物的处理。

2）转化期。在开始建立有机肉牛生产体系时，需要一个缓冲时间，即转化期。认证机构应根据有机农业生产原则和具体动物的特点，制定肉牛生产转化期的时间如下：产肉动物从出生开始就进行持续的有机管理，其中肉牛不少于12个月。

3）肉牛的选育和引进。①在选择饲养动物品种时，应考虑到品种对当地环境和饲养条件的适应性及品种本身的生活力和抗病力，优先选择本地肉牛品种。②不允许使用经胚胎移植或转基因技术（GMO）得到的肉牛。③肉牛应在有机农场繁育，并从出生以后就按本准则的要求进行饲养。④当有机肉牛第一次形成时，若从非有机农场购入，应符合以下条件：犊牛7日龄以内且吃过初乳。⑤在无法得到足够的来自有机农场的肉牛时，经认证机构许可，可以从非有机农场购入肉牛。但从非有机农场引入的肉牛数量每年不超过农场同类成年肉牛的10%。⑥种肉牛从非有机农牧场引入时，如果种肉牛的第一后代作为有机肉牛饲养，则种肉牛应在不晚于妊娠期的最后1/3时间内就进行有机管理。⑦在以下情况下，认证机构可以允许引入常规肉牛超过10%，但不得超过40%：一是不可预见的严重自然灾害或事故；二是农场规模大幅度扩大；三是农场建立新的肉牛养殖项目。⑧在引入时，必须保存对购入肉牛医疗的完整记录和所有法定的记录；运达时，要对肉牛进行检查，并对有病、有伤的肉牛采取特别措施。

4）饲料与饲料添加剂。①有机肉牛的饲料至少80%来源于已经认定的有机农产品及其副产品。其中饲料原料组成中至少50%来自有机农场本身或从本地区其他有机农场引入。②禁止使用以下饲料与饲料添加剂：一是未经农业农村部批准的任何饲料与饲料添加剂；二是未经农业农村部批准使用的化学合成的各种防腐剂、着色剂、抗氧化剂和非蛋白氮；三是任何药物性饲料添加剂（包括促生长剂、营养再分配剂等）；四是由哺乳动物制成的饲料不得饲喂反刍动物；五是某种肉牛的躯体或部分躯体制成的饲料不得饲喂同种动物（鱼类除外）；六是工业合成的油脂；七是动物副产品（如肉骨粉等）或粪便（鸡粪、牛粪或其他畜禽

粪便）；八是用化学溶剂（如正己烷）处理过的或添加其他化学试剂的饲料原料；九是化学合成或经分离的氨基酸；十是未获得生产许可证的生产商生产的，并且无批准文号或进口许可证的饲料、饲料添加剂和预混料。③尽量使用来自于天然的矿物质或维生素。如果在这些物质发生短缺的特殊情况下，化学合成的且有类似效果的非天然矿物质或维生素也允许使用。

5）犊牛补充喂养的乳制品。应是有机产品，而且要来源于同种类牛。在特殊情况下，允许使用来源于非有机农场系统、不含抗生素或人工合成添加剂的乳制品或代用乳。

6）给予肉牛饲料的剂型和方式。应充分考虑肉牛的消化道结构特点和特殊生理需要：①给予哺乳的犊牛以充足的母乳。②以干物质为基础，肉牛不可只喂青贮饲料和精饲料，饲粮中干物质应具有60%以上的粗饲料、鲜草、干草或（和）青饲料。

7）接触新鲜水源。所有肉牛都应自由接触新鲜的水源，以充分保证肉牛的健康与活力。

8）青贮饲料添加剂。不能来源于转基因生物或派生的产品，但可以使用海盐、酵母、丙酸菌、乳清、糖、糖蜜、蜂蜜、甜菜渣和谷物。当气候条件不允许进行青贮发酵和得到认证机构许可的条件下，允许使用化学合成的乳酸、甲酸、乙酸、丙酸或其他天然有机酸产品作为青贮饲料添加剂。

9）确定使用母乳喂养犊牛的最短时间。牛（包括水牛）为3个月。

（4）肉牛饲养与管理

1）圈舍和自由放牧区应能保证肉牛按其物种本身特有的行为方式生活，要求具有：①足够的自由活动空间。②足够的新鲜空气和自然阳光。③足够的栖息场所和设施（如运动场等）。④足够的防雨、防风、防阳光直射和防极端温度的措施。⑤避免使用具有潜在毒性的建筑材料。

2）圈舍的地面要平坦，有足够大的面积，要舒适、清洁、干燥，并且不能打滑，整个地面至少一半为坚硬的实质结构，而不是板条或格栅结构。

3）肉牛的圈舍应当铺以垫草、锯末、沙石或草皮等垫料。

4）肉牛在圈舍内应保持适宜的密度。决定肉牛适宜密度的原则是：①肉牛在圈舍内具有舒适感，应当考虑肉牛品种、年龄的差异，繁育和哺乳的需要。②应当考虑肉牛行为需求、肉牛规模和性别比例。③应当

确保肉牛有足够的空间用于自然站立、轻松躺卧、转身、梳理被毛等自主活动。

5）应控制在牧场、草地或在自然、半自然栖息地上放养的密度，以防止土壤植被被肉牛过度践踏和过度放牧。

6）只要肉牛的生理条件、气候条件及地面状态允许，所有肉牛都应去牧场或户外自由活动。草食动物不少于生命周期的4/5，但对处于育肥最后阶段的育肥肉牛、在严寒季节的种公牛及产奶牛和分娩期间的母牛，可以免除户外运动。

7）牛属于具有群居习性的动物，因此不允许单栏和拴系，但经认证机构认可，种公牛、小规模饲养和患病肉牛及即将分娩的母牛，可以作为例外。

8）严禁给饲养肉牛采用去角、冷（热）烙号，允许对肉牛进行物理性阉割。但这样的操作应由专业人员完成，并且尽可能减轻肉牛的损伤和痛苦，必要时允许使用麻醉剂。

9）为了保证肉牛的健康，在每一批肉牛上市后圈舍应清空，对圈舍及其设施进行清洁消毒，并闲置运动场，以恢复植被。

10）所有肉牛粪便贮存、处理设施，包括堆肥场等，在设计、施工、操作和利用时，都要避免引起地下水及地表水的污染。

11）粪便总量以其作为肥料时不超过每年每公顷土地170千克氮为度。必要时，应减小肉牛密度以免超过上述标准。

（5）繁殖 ①应优先采用自然方法，进行有机饲养肉牛的繁殖，但允许人工授精。②除非是治疗的原因且在兽医的指导下，否则不允许利用激素进行同期发情处理和不必要的人工助产。③禁止采用胚胎移植技术处理肉牛。

（6）防病治病

1）在有机肉牛生产中，疾病的预防应基于下列原则：①选择适合当地条件和抗病能力强的肉牛品种或品系。②根据每种肉牛品种的要求进行适当的管理，以增强肉牛抗病和预防传染病的能力。③高质量的饲料供应，结合有规律的运动和放牧，有益于提高肉牛的自身免疫力。④保持合理的饲养密度，避免过度放牧和任何影响肉牛健康的问题出现。

2）在明确肉牛养殖场所处地区流行病学规律，并且病患不能用其他管理技术加以控制的前提下，才考虑使用疫苗接种。允许使用的疫苗应符合《中华人民共和国动物防疫法》及其配套法规的要求。不能使用

由转基因方法生产的活病毒疫苗。

3）一旦肉牛生病或受伤，应立即隔离和治疗。

4）应优先选择生物治疗方法和物理性治疗方法，然后才是药物治疗。在兽医监督下进行药物治疗时，停药期应为常规的2倍。如果2倍停药期不足48小时，则必须达到48小时，否则肉牛不得作为有机产品对待。

（7）运输和屠宰

1）运输。①在整个运输过程中，押运人员要善待肉牛，不得使用任何电驱赶辅助设备。②在运输前，应对运输车辆彻底清洗。运输中要保证车内有良好的通风和卫生环境，并根据气候条件和运程长短给肉牛喂食喂水。③在运输前或运输过程中，不得使用任何镇静剂或兴奋剂。④运输时间超过7小时的肉牛，不能立即屠宰，需暂养24小时以上。

2）应以人道的方式进行屠宰并尽量照顾和关注肉牛的福利，减轻压力并遵守相关法律。①肉牛在屠宰前应接受检验和检查，合格的肉牛应在定点屠宰场屠宰。②禁止肉牛与处于宰杀过程的肉牛有感官的接触（目视、耳听、嗅觉等）。③在屠宰及其准备期间，应使肉牛遭受的痛苦降低到最低限度。屠宰前应先将肉牛击昏使其失去知觉。击昏至开始放血致死的时间应尽量缩短。

（8）有机牛肉安全质量考核指标　虽然尚未出台明文规定的有机牛肉质量考核指标，但是对有机食品已有明确的文字描述，即有机食品指来自有机农业生产体系，根据有机农业生产要求和相应标准生产加工，并且通过合法的有机食品认证机构认证的农副产品及其加工品。具体到牛肉生产，在肉牛的饲养过程中，禁止用化学饲料或含有化肥、农药成分的饲料来喂牛，从常规、传统的饲料生产转型到有机饲料生产的转换期应在3年以上。当肉牛有病时，也尽量不用有滞留性的有毒药品，以免人们食用牛肉及其制品后损害人体健康。

十四、优质肉牛育肥饲养技术

优质肉牛育肥饲养的技术要点，类同高档肉牛育肥饲养，差别在于对牛的品种、年龄、性别、体重、育肥时间等的要求不苛刻，如育肥饲养结束后体重小、牛体内脂肪沉积少等。

十五、普通肉牛育肥饲养技术

适度育肥，育肥饲养时间为60～90天，牛肉质量较差。因此，对育

肥牛的要求（如品种、年龄、体重、性别等）不严。

十六、肉牛育肥饲养工艺流程

采用架子牛易地育肥技术时，无论采取何种育肥饲养方式，其育肥饲养工艺流程相似，流程如图 7-1 所示。

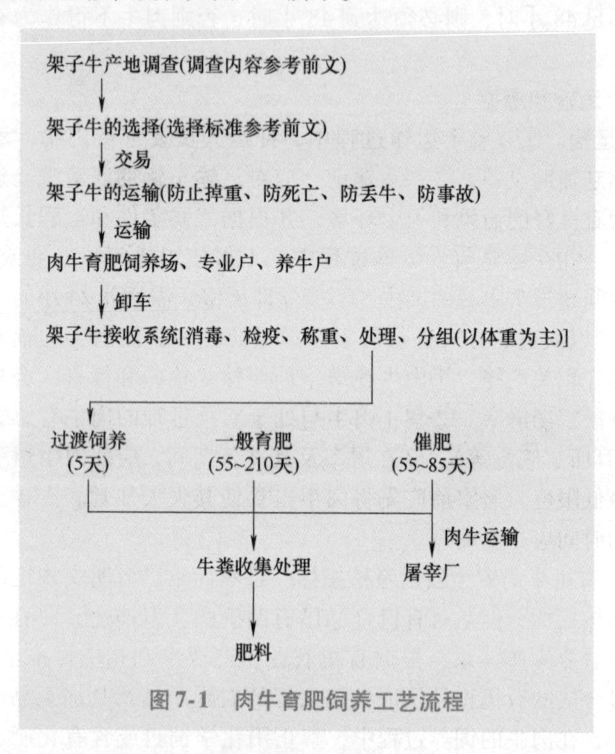

图 7-1　肉牛育肥饲养工艺流程

第三节　肉牛育肥管理技术

一、编制畜群周转计划表

（1）编制畜群周转计划表的目的　①编制育肥牛群周转计划表能够确保牛场均衡生产。②编制育肥牛群周转计划表能够正确、及时调控资金，有序、有计划地购买饲料，合理组织、调配劳动力，均匀、充分利用牛舍。

（2）如何制订畜群周转计划　利用表格编制畜群周转计划简单易学。例如，某育肥牛场以育肥优质肉牛 1200 头为目标，假定架子牛购进时体重

分为3个档次（300千克、350千克、400千克），优质肉牛的育肥饲养时间为8个月，出栏体重为520千克；其他为一般肉牛（进栏时体重400千克的架子牛育肥60天体重达480千克即出栏，进栏体重350千克的架子牛育肥90天体重达460千克即出栏）。其第一年育肥期内育肥牛群周转情况见表7-13。第一年度出栏优质肉牛400头，其他存栏牛1900头。

表7-13　第一年育肥期内育肥牛群周转情况

月份	购架子牛/头			出栏/头					高档肉牛数/头	存栏牛数/头
	400千克体重	350千克体重	300千克体重	480千克体重	460千克体重	516千克体重	合计数	累计数		
1	100	100	100	—	—	—	—	—		300
2	100	100	100	—	—	—	—	—		600
3	100	100	100	100	—	—	100	100		800
4	100	100	100	100	100	—	200	300		900
5	100	100	100	100	100	—	200	500		1100
6	100	100	100	100	100	—	200	700		1300
7	100	100	100	100	100	—	200	900		1600
8	100	100	100	100	100	—	200	1100		1800
9	100	100	100	100	100	100	300	1400	100	1900
10	100	100	100	100	100	100	300	1700	100	1900
11	100	100	100	100	100	100	300	2000	100	1900
12	100	100	100	100	100	100	300	2300	100	1900
合计						400				

第二年度出栏优质肉牛1200头，其他存栏牛1900头，如表7-14所示。

表7-14　第二年育肥期内育肥牛群周转情况

月份	购架子牛/头			出栏/头					高档肉牛数/头	存栏牛数/头
	400千克体重	350千克体重	300千克体重	480千克体重	460千克体重	516千克体重	合计数	累计数		
1	100	100	100	100	100	100	300	300	100	1900
2	100	100	100	100	100	100	300	600	100	1900
3	100	100	100	100	100	100	300	900	100	1900

（续）

月份	购架子牛/头			出栏/头					高档肉牛数/头	存栏牛数/头
	400千克体重	350千克体重	300千克体重	480千克体重	460千克体重	516千克体重	合计数	累计数		
4	100	100	100	100	100	100	300	1200	100	1900
5	100	100	100	100	100	100	300	1500	100	1900
6	100	100	100	100	100	100	300	1800	100	1900
7	100	100	100	100	100	100	300	2100	100	1900
8	100	100	100	100	100	100	300	2400	100	1900
9	100	100	100	100	100	100	300	2700	100	1900
10	100	100	100	100	100	100	300	3000	100	1900
11	100	100	100	100	100	100	300	3300	100	1900
12	100	100	100	100	100	100	300	3600	100	1900
合计						1200				

二、入栏管理

以 1 个围栏为单位的全进全出的饲养方案，即每个围栏养牛 10 头、15 头、20 头或 200 头同时进入围栏，育肥期相同，因此也在同一时间出栏。为此，要做好以下管理工作：①进入围栏牛的体重应大体相同。②进入围栏的牛如有角，应当去掉角。③个别特别凶狠的牛不能进入围栏。④加强兽医巡视工作，一旦发现病牛，即能获得及时的治疗或护理。⑤1 个围栏 10 头、15 头、20 头、200 头架子牛，要求在同一天进入围栏，架子牛一旦进入围栏，直至育肥期末，不再更换围栏。为什么每个围栏饲养牛的头数规定为 10 头、15 头、20 头或 200 头，这主要与屠宰厂屠宰牛的数量同步，与待宰牛围栏面积配套。同一围栏的育肥牛经过运输后，仍旧放在同一个围栏内，可避免陌生牛互相格斗而造成伤残；另一方面也考虑运输车辆的运输能力。

三、分群并栏

实行围栏育肥时，常常会遇到牛只的分群并栏问题。牛的分群并栏很重要，为防止由于分群并栏而造成牛的伤残，采取以下措施能够收到

较好的效果。

第一，依体重大小、体质强弱分群饲养。

第二，每群牛数量以10～15头较好。

第三，分群前把要合并的牛只混合。先予以混合，后调整并栏。如果有较大面积的运动场地，可将要合并的架子牛在一个运动场内混合，让其互相熟悉认识，再合并、进入围栏时格斗少一些；或者先喷药，后合并。在合并之前，在围栏内喷同一种药水，使合并架子牛的身上都有同一种药味，达到减少格斗的目的。

第四，分群的当天应有专人值班观察，发现格斗，应及时处理。

第五，分群前围栏内铺垫草。

第六，围栏要干燥。

第七，合并前停食，合并后喂料喂草。在合并围栏前停食4～6小时，在合并围栏后饲槽内准备好可口的饲料，由于牛忙于采食，也可达到减少格斗的目的。

第八，防止爬跨、格斗。不同来源地的架子牛，刚合并在同一围栏饲养时格斗、爬跨现象不可避免。如果防治措施不力，往往会造成牛的伤残，严重时发生死亡。因此，在实施围栏养牛时，应注意新引进牛防止格斗和爬跨。采取下列措施可以缓解格斗和爬跨：在围栏上覆盖线网或竹竿、木板（棍），覆盖物和围栏一样高（1.4～1.5米），架子牛不能跳跃，防止爬跨很有效。

四、去势（阉割）的方法

我国地域辽阔，养牛业遍布全国，各地结合本地条件形成了犊牛去势（阉割）的多种方法，有手术去势（有血去势）、无血去势等。每种方法都有其特点。现把各地的犊牛去势（阉割）方法简略介绍如下：

（1）手术去势（有血去势）　操作方法和步骤如下：①保定牛只（用六柱栏固定法较好，也有用民间倒牛法保定的）。②术者左手握住牛阴囊。③用碘酊消毒牛阴囊和刀具。④术者右手握刀。⑤用刀切开阴囊的下端，先取出一侧睾丸，再取出另一侧睾丸。⑥取出睾丸时，用左手掐住血管，用右手拇指和食指上下紧勒血管数次（不少于5次），而后掐断血管。⑦将一袋消炎粉倒入阴囊。⑧再次用碘酊消毒阴囊。⑨阴囊切开处不能缝合。⑩松开绑绳。

（2）无血去势　无血去势分为夹击输精管、结扎输精管、击碎睾

丸、注射去势液几种。无血去势的操作方法和步骤如下：

1）夹击输精管。①保定牛只（站立式保定，牛的一侧靠住围栏或牛头拴系在木桩上）。②操作者用小麻绳将阴囊勒住勒紧。③用碘酊消毒阴囊。④消毒去势钳。⑤另一人握住阴囊。⑥操作者用去热钳强力夹击输精管（精束），在第一次夹击的上下2~3厘米处再次强力夹击输精管。⑦用碘酊消毒精索夹击处。⑧松开绑绳。

2）结扎输精管。①保定牛只（站立式保定，牛的一侧靠住围栏或牛头拴系在木桩上）。②操作者用小麻绳将阴囊勒住勒紧。③用碘酊消毒阴囊。④消毒橡皮筋。⑤一人握住阴囊。⑥另外一个人用开张器将橡皮筋张开，并套在输精管（精束）上，取出开张器。⑦用碘酊消毒橡皮筋。⑧松开绑绳。

3）击碎睾丸。①保定牛只（站立式保定，牛的一侧靠住围栏或牛头拴系在木桩上）。②操作者用小麻绳将阴囊勒住勒紧。③用碘酊消毒阴囊。④消毒去势钳。⑤一人握住阴囊一侧睾丸。⑥另一人用去势钳强力夹击一侧睾丸，将一侧睾丸夹断，并用手将一侧睾丸捻碎（越碎越好），再将另一侧睾丸夹断，并用手将睾丸捻碎（越碎越好）。⑦用碘酊消毒阴囊夹击处。⑧松开绑绳。

4）注射去势液（30%碘酒液）。①保定牛只（站立式保定，牛的一侧靠住围栏或牛头拴系在木桩上）。②一人用手握住阴囊。③用碘酊消毒阴囊。④操作者用注射针刺入一侧睾丸，推进去势液（多点注射，一侧睾丸注射2~3个点）；再刺入另一侧睾丸，推进去势液（同样多点注射，注射2~3个点）。每侧睾丸注射去势液总量为6~8毫升。⑤用碘酊消毒阴囊。⑥松开绑绳。

去势液配制：称量碘化钾15克，加入蒸馏水15毫升，充分溶解后加入碘片30克，搅拌溶解后再加95%酒精直至100毫升。

五、称重

（1）称重的重要性 架子牛育肥过程中要经常（定期或不定期）进行体重的检测，通过体重的称量，了解架子牛的增重情况。体重称量，一方面揭示牛的生长发育状况，另一方面反映出饲料配方的合理性、饲料饲喂量及管理工作是否到位、合理，以便总结前一阶段、计划安排下一阶段。因此，对架子牛在育肥期进行称重是育肥牛场管理中十分重要的环节。一般称重分为：架子牛接收称重、育肥过程中称重、育肥结束

后称重和出栏时（出售）称重。

（2）称重准备　①检查衡器的准确性（校正）。②称重笼的重量。③设置称牛通道。架子用 ϕ66 厚壁焊管制成，高 1.4 米、长 2 米，牛能在里面站立活动，每一个架子和另一个架子能组合成通道，也可以卸开、搬运和异地组合。活动通道长 8～10 米。

（3）称重过程　①肉牛称重时务必注意人、牛安全。②肉牛称重时务必求实，真实反映牛体重的变化（度量衡的正确性及看秤的正确性）。③肉牛称重时务必做好记录，并存档备查。肉牛称重务必做到经常性、有规律、制度化。④个体称重：由看磅员读（喊）出称量数字，记录员记录时要高声重复看磅员读出的数字。⑤群体称重，首先清点头数，记录同个体称重。⑥记录：记录员正确无误地把数据记录于表 7-15 中。⑦管理：每头牛称重结束以后，要称 1 次称重笼的重量并及时清扫磅面上的污物。

表 7-15　称重记录　　（单位：千克）

耳标号	牛品种	毛重	称重笼重	净重	上一次重	净增重

六、喂料方法

给牛喂料的方法有人工喂料和机械喂料两种，两种方法各有优缺点。在此主要介绍机械喂料方法。

（1）机械喂料车的性能　采用自走式机械喂料车喂牛，喂料车的容积有 10 米^3、12 米^3、14 米^3、16 米^3、18 米^{3}和 20 米^{3}等多种。现以容积

12 米^{3}为例说明其性能。容积 12 米^{3}的机械喂料车载重 8 吨，行走速度为 20 千米/小时，搅拌 30 转/分钟，在行进途中完成。机械喂料车装有计算机，接受指挥中心指令，可随时变更配合饲料的配方比例。带自动计量器，自动取料（计量），自动喂料（计量）。

（2）机械喂料车的工作程序 机械喂料车的工作程序如图 7-2 所示。

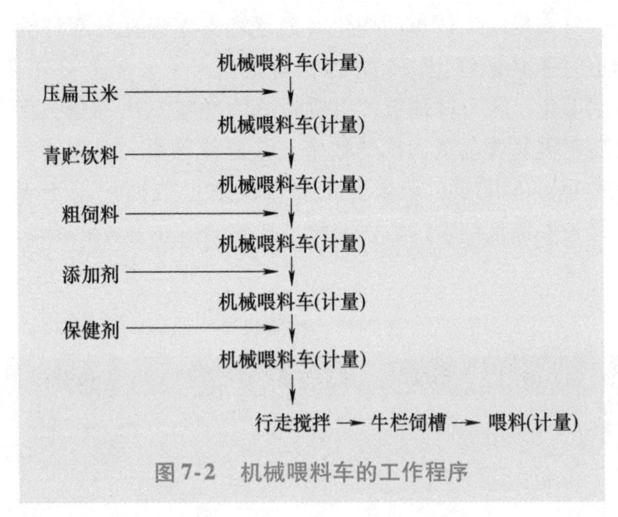

图 7-2 机械喂料车的工作程序

（3）机械喂料车的工作效率 ①机械喂料车每次作业时间需 40 分钟，现以 12 米^{3}容积的机械喂料车为例（4500 千克），计算每天作业时间如下：装饲料时间 30 分钟，搅拌饲料时间 3～5 分钟（在行进中搅拌，因此不占用作业时间），喂料时间 10 分钟。②每头牛每天采食饲料量平均以 15 千克计算，分 2～3 次饲喂。③每头牛 1 次喂饲料 6 千克，每车饲料 4500 千克可喂牛 750 头。④3000 头牛喂料 1 次需要 4 车，全天共需 10 车次。⑤每天用车 8 小时。⑥需要车辆数为 1 辆，即可完成喂料作业。

实践证明机械喂料比人工喂料效率高。因此，有条件的养牛场应采用喂料车进行机械喂料，以提高养牛效益。但是购买喂料车一次性投资较大，不具备经济实力时不宜盲目使用。

七、制定制度

（1）员工管理及奖罚制度 各养牛场应根据实际情况，制定科学的

员工管理及奖罚制度，以提高工作效率。

（2）育肥牛场消防制度　①设消防水池：根据育肥牛场规模设置消毒池。存栏量1000头的牛场，应有300米^{3}的水池；2000头的牛场，应有500米^{3}的水池；3000头的牛场，应有700米^{3}的水池。消防水池应注满水，正常情况下不得使用消防水池的水；遇到意外必须使用消防水池的水时，用完水后应立即注满。②设消防水栓：按照牛场规划设置消防水栓，在易燃处（粗饲料堆放处）应加大消防水栓的密度。③备消防器材：按照牛场规划设置消防器材。④消防教育：每季度至少进行1次消防教育。⑤消防演练：每年至少进行2次消防演练。⑥建设消防队伍：建设兼职消防员队伍。⑦设禁火禁烟区：在牛场内圈定禁火禁烟区，用标记鲜明的图案公示；违反规定者严格处理。⑧划分重点防火区和一般防火区，用标记鲜明的图案公示。⑨严禁员工在场内用明火烧水做饭、私自用电烧水做饭和寒冷地区私自用电取暖。⑩制定牛场火灾应急预案。

（3）检疫制度　①选购架子牛检疫：在非疫区选购架子牛时，选定购买的架子牛在现场由当地兽医检疫，并由当地兽医权力机关出具现场检疫证件（免疫证、产地检疫证），检疫后的健康牛在耳朵佩戴免疫耳标，并建立可追溯检疫记录（包括检疫日期、检疫项目、检疫结果和检疫员）入档保存。②架子牛入场检疫：入场前，运输车辆严格消毒（持有消毒合格证）；架子牛由购买地运输到育肥牛场的途中避免和其他偶蹄动物接触；架子牛运输车辆严禁穿越疫区。架子牛入场时，由兽医人员对架子牛逐头检疫，必要时由采血实验室检测。检疫合格的架子牛进入观察牛舍观察30天，健康牛方可转入育肥牛舍合群饲养。问题牛或疑似问题牛进入隔离牛舍观察。建立可追溯检疫记录（包括检疫日期、检疫项目、检疫结果和检疫员）入档案保存。③架子牛育肥期检疫：在架子牛育肥期定期进行现场检疫；建立可追溯检疫记录（包括检疫日期、检疫项目、检疫结果、检疫员）入档保存；按规定免疫接种疫苗，详细记录接种日期、疫苗种类、剂量和接种员。④育肥牛出场前检疫：育肥牛出场前逐头检疫；建立可追溯检疫记录（包括检疫日期、检疫项目、检疫结果和检疫员），入档案保存；育肥牛出场检疫标准符合国家相关规定；如果检查出疫病牛，应按规定进行无害化处理；严禁出售病牛、死牛；运输育肥牛的车辆必须严格消毒。

（4）架子牛采购制度

1）目的。采购架子牛是解决牛场育肥牛源的主要渠道，资金流量

较大。架子牛的质量、交易价等常常是由采购员单独确定，因此除了要求采购员有良好的职业道德外，还应制定易于防范（堵塞漏洞）、易于操作、能调动采购员积极性的架子牛采购制度。

2）内容。①架子牛采购原则：架子牛具有较高的生产性能（如日增重、饲料利用率、抗病、屠宰率、高价肉块比例）；架子牛的数量较多；架子牛体质强壮、健康无病；架子牛为肉用牛体型（长方形或圆筒形）；架子牛离育肥牛场距离较近；架子牛育肥结束体重符合牛场生产目标；架子牛交易时公平、公正、公开；架子牛的价格较低。②架子牛采购标准。架子牛应选择以较大体型品种肉牛，如鲁西牛、晋南牛、秦川牛、南阳牛、延边牛、夏南牛等纯种黄牛为母本，引进肉用品种牛为父本的杂交牛；较小体型品种肉牛，如华中地区、华南地区、西南等地区的肉牛品种及其杂交牛。架子牛的年龄应小于 24 月龄。生产普通质量的牛肉，以增加体重为育肥目标时应选择公牛。以生产高档牛肉为育肥目标时，应选择阉公牛。架子牛体型外貌应以长方形或圆筒形，体表无伤痕为好。③架子牛记录。牛个体信息记录卡，包括牛耳标、牛品种、体重、性别、年龄、毛色、防疫耳标、成交牛价格等内容；原始主人姓名、地址、身份证号码，兽医检疫记录；非疫区证明，防疫注射证明，交易场所费用收据。④购买架子牛现金管理。现金使用严格遵守财务管理制度；支付牛款时必须有两个人在场共同操作，做好记录；领款人要签名，填写领款人住址、身份证号码。⑤制订架子牛采购员酬劳办法，包括制订年度基本工资、年完成采购架子牛最低数、超额完成采购架子牛 1 头的奖金数；未完成采购架子牛 1 头扣除金额数。

（5）架子牛接收制度

1）目的。质量较好的架子牛是牛场育肥成本低、饲养效益高的因素之一。由采购员购买的架子牛是否能满足牛场的需要，达到牛场的标准，架子牛的接收环节就显得十分重要。因此，育肥牛场必须制定较完善的架子牛验收制度。

2）内容。①育肥牛场成立架子牛质量验收组。②采购员出示架子牛记录卡。架子牛运输达到育肥牛场后，应立即向牛场质量验收组出示架子牛记录卡。③质量验收组逐头检验架子牛：按架子牛记录卡项目逐头验收。④质量验收组有权将不合格牛退还，退还牛由采购员处理。⑤质量验收组应将每一批验收合格的架子牛填写书面报告，报牛场财务部门（供资金结算）和技术部门（资料存档）。⑥质量验收组评语。对

每一批验收的架子牛提出优质牛和质量稍差牛的评论，以利采购员下次采购质量更好的架子牛，也可为采购员的奖惩提供参考意见。

(6) 饲料保管制度

1）饲料品质检测指标。①含水量。包括能量饲料的含水量≤15%，粗饲料的含水量≤15%，蛋白质饲料的含水量≤15%，青贮饲料的含水量≤75%，添加剂的含水量≤5%。②常用饲料蛋白质含量。③常用饲料能量含量。④杂质（在自然状态下）<1%。⑤整粒率（在自然状态下）>99%。⑥采购员与饲料保管员交接手续：采购员必须将检测报告交饲料保管员；饲料保管员接到饲料品质指标清单后，决定是否接纳；接纳的饲料，采样交公司饲料测定中心测定；测定结果存档，复印件交采购员。

2）饲料入库。入库前必须称重，填写入库单，采购员、饲料保管员签字。

3）饲料保管。保管中要防火灾、防虫害，用甲醛药物熏蒸；防鼠害，投放鼠药；防潮湿，不定期检测水分含量，下雨防漏；防霉，经常检测饲料，如有霉变应立即处置；防鸟害。

4）饲料出库。必须称重，并填写出库单，饲料保管员及饲料领用人要签字。

5）保管员职责。饲料入库、出库，要日清日结，在此基础上做好季结和年度总结报表；要每天向采购员发送饲料库存量报告（饲料分类报告），每月向主管部门报送饲料消耗表。

(7) 档案管理制度　在现代化肉牛生产系统中，每年有数以万计的数据出现，不仅数据多，而且类别多。正确有效地处理和管理这些庞大的数据，对总结过去、指导现在、计划将来都具有十分重要的意义。①肉牛育肥场档案包括饲料种类档案，肉牛育肥场内发生的饲料购进量（分品种）、消耗量（分牛栏或牛群）的现场记录和汇总记录，饲料配方记录。②饲养消耗量记录档案，包括每天饲料消耗量记录（分围栏或分饲养人员）档案、每月饲料消耗量记录（分围栏或分饲养人员）档案、每季度饲料消耗量记录（分围栏或分饲养人员）档案和每年度饲料消耗量记录（分围栏或分饲养人员）档案。③商贸档案。肉牛育肥场发生的商贸活动记录。④牛场气象资料记录档案。包括常规气候和特殊气候（极端气候）。⑤兽医档案。包括疾病档案（分围栏或分饲养人员，分月、季度、年度），死亡记录档案（分围栏或分饲养人员，分月、季度、

年度），药品购销记录档案（分月、季度、年度），防疫注射记录档案（分月、季度、年度），牛场消毒记录档案。⑥财会档案（见公司财会有关管理制度）。⑦档案记录。一是分类编号；二是用铅笔或不褪色的黑色笔记录；三是数字需要改写时，在原数字上画○，不能抹去或涂成黑点；四是记录本不能任意撕扯缺页；五是记录本不能任意书写与档案无关的文字材料；六是每天填写；七是记录员签字；八是填写日期；九是档案保密。⑧饲养档案，包括肉牛育肥场内发生的牛群购进量（分品种）、牛群出栏量（分品种），牛体称重等工作记录，主要包括架子牛（肉牛）购进头数记录档案（日期、体重、品种、年龄、性别、毛色等），肉牛出栏头数记录档案（日期、体重、品种、年龄、性别、毛色等），畜群周转记录档案（分围栏或分饲养人员、分品种），育肥牛群的日报表记录档案（分围栏或分饲养人员、分品种），育肥牛群的月报表记录档案（分围栏或分饲养人员、分品种），育肥牛群的季度报表记录档案（分围栏或分饲养人员、分品种），育肥牛群的年度报表记录档案（分围栏或分饲养人员、分品种），肉牛体重记录（分围栏或分饲养人员）档案，饲料消耗量记录（分围栏或分饲养人员）档案，肉牛称重记录。

（8）安全生产制度 ①安全教育。安全教育经常化、规范化、制度化，安全生产纳入考核生产成绩中。②肉牛运输安全。包括行车安全；不开英雄车、斗气车和有毛病的车，不违章行车；礼让行车；遇弯路、上坡与下坡减速慢行；驾驶人在行车中要集中精力，不疲劳驾车。③饲养管理员安全。饲养管理员进出牛围栏进行清扫等管理工作时要防止牛顶人、踢人和踩踏致伤。④饲料加工安全。青贮饲料、干粗饲料加工时，不允许戴手套作业，不允许穿长袖衣服作业，不允许留长头发人作业，以防止操作人员卷入机械；青贮饲料、干粗饲料加工时要顺序行进，不堵不塞；精饲料加工时籽粒要流畅行进。⑤防火。⑥安全用电。具有电工证才能上岗，无证严禁操作；有电击隐患处设有明显的防电击标志；电动机旁均配备用电保护装置，经常进行安全用电教育。⑦防偷防盗、防中毒。加强夜间巡逻管理，杜绝偷盗；财务室的门窗必须加锁；要严防人、牛中毒事故发生。

第四节 育肥牛饮水

一、饮水的重要性

水为育肥牛的饲料营养，系消化与吸收、体内废物排除、体温调

节所必需，育肥牛在有饲料而无水的环境条件下存活的时间大大少于有水而无饲料的环境条件。水是育肥牛场较重要、较廉价、较易获得的东西，也最容易被饲养管理人员所忽视，因为他们不十分了解水对育肥牛的重要性。要想获得比较理想的饲养效果，除了要设计好饲料配方、做好保健以外，要想方设法让牛多采食饲料，达到多吃多长的目的，这就必须保证育肥牛有充足的饮水。下面育肥牛饮水量的资料可以说明，随着育肥牛体重、采食量、日增重的增加，饮水量也随着增加（表7-16）。

表7-16　育肥牛饮水量

育肥牛体重/千克	要求日增重/克	采食饲料（干物质）/千克	需饮水量/[升/(头·天)]
200	700	5.7	17
	900	4.9	15
	1100	4.6	14
250	700	5.8	18
	900	6.2	20
	1100	6.0	19
300	900	8.1	27
	1100	7.6	22
350	900	8.0	27
	1100	8.0	27
400	1000	9.4	35
	1200	8.5	30
450	1000	10.3	40
	1200	10.2	40
500	900	10.5	42
	1100	10.4	42
	1200	9.6	36

另外，环境温度也影响育肥牛的饮水量（表7-17）。

表 7-17　环境温度与育肥牛饮水量

环境温度/℃	饮水量/(升/千克干物质饲料量)	折合成含水量 50% 的饲料量
-17 ~ 10	3.5	1.8
10 ~ 15	3.6	1.8
15 ~ 21	4.1	2.1
21 ~ 27	4.7	2.4
27 以上	5.5	2.8

笔者在气温 25 ~ 27℃时，测定了 3 头体重 280 千克的育肥牛 1 昼夜饮水量为 36 ~ 37 升。按测定当天育肥肉牛消耗饲料（风干重）量计算，育肥牛消耗 1 千克饲料需要饮水 3.64 升。

据报道，在以精饲料为主的育肥饲养条件下，饲料的含水量分别为 15%、25%、35% 时，育肥牛的采食量、日增重、饲料报酬等均没有因含水量的差异而产生明显的变化（表 7-18）。

表 7-18　围栏饲养育肥牛高精料配合饲料时含水量对牛增重的影响

饲料含水量（%）		15（对照）	25	35
干物质消耗量/[千克/(头·天)]	最初 41 天	8.43	8.50	8.21
	最后 78 天	9.95	10.01	9.36
	总计 119 天	9.44	9.48	9.14
育肥牛的平均体重/千克	开始体重	341.0	341.0	341.0
	41 天体重	389.1	393.2	383.2
	119 天体重	500.0	494.0	492.1
每天平均增重/克	最初 41 天	1171	1280	1031
	最后 78 天	1430	1289	1403
	总计 119 天	1339	1285	1271
平均每增重 1 千克所需饲料量/千克	最初 41 天	7.20	6.63	7.96
	最后 78 天	6.95	7.75	6.87
	总计 119 天	7.04	7.40	7.19

二、水源

育肥牛体内水分的来源有三：饮用水、饲料中含有的水和育肥牛体

内组织氧化作用所形成的代谢水（据研究证明，分解代谢1千克脂肪、碳水化合物或蛋白质，分别形成代谢水1190毫升、560毫升、450毫升）。

（1）地下水为供水水源　打深井（井深200米）1眼，出水量为30米³/时，可24小时抽水、供水，并自动控制。能满足存栏18000头牛的饮水需要。

（2）建水塔供水　塔高10～15米，容量为25～30米³（存栏牛量1000头的牛场，每天需水量25～30米³）。定时抽水能满足存栏12000头牛的饮水需要。

（3）水的净化　采用最新的工艺技术净化水。

（4）水质卫生指标　肉牛饮用水的卫生指标应达到人用饮水标准（表7-19）。

表7-19　育肥牛饮用水卫生指标

项目名称	标　准	项目名称	标　准
色	≤15	铜	≤0.1
混浊度	≤3	锌	≤1
臭味	无	硫化物	≤250
味道	无	氯化物	≤250
肉眼可见物	无	溶解性固体	≤1000
pH	≤8.5	氟化物	≤1
	≥6.5	大肠杆菌	≤3
总硬度	≤450	亚硝酸盐氨	—
砷	≤0.05	氨氮	—
镉	≤0.01	铬	—
铅	≤0.05	挥发酚类	—
硝化亚氨	≤20	阳离子合成洗涤剂	—
细菌总数/(个/毫升)	≤100	铁	≤0.3

三、供水方法

1. 自流水

（1）水槽供水　在多个围栏连成一体的牛舍内，两个围栏合用1个水槽；不能合用时，每个围栏设1个水槽。水槽有进水口，从水源头处

供水。水槽底部安置出水口，便于排水。饮水槽安置在围栏靠近排粪排尿沟，距离地面的高度为40～45厘米。水槽外20厘米处安置护栏，防止将牛粪排入水槽。

（2）饮水器供水 采用牛专用饮水器。饮水器设在牛蹄踩不到、粪尿不易污染的地点，一般距离地面40～45厘米。

2. 定时供水

在北方寒冷的冬季，供牛饮水比较困难，可采取以下办法满足肉牛的饮水：①定时给牛饮水。②采用电热设备供水。电热设备供水要求：一是流入水槽的水是流动的；二是用电热线加热水槽，因此水槽的四周应较厚；三是水槽应较深，一般为1.3米。

据笔者在生产实践中观察测定认为育肥牛每次吸饮的水量以0.4～0.5升为宜。

实施肉牛快速育肥过程中只有肉牛充分饮水时才能获得快长。让肉牛饮好水的技巧有：

1）在水面撒些小麦麸，引诱肉牛多饮水。

2）在水中加些人工盐，既增加饮水量，又消炎败火（尤其是夏季）。

第五节 育肥牛的饲养管理要点

一、育肥牛在炎热夏季的饲养管理要点

炎热的夏季，特别是在我国南方，气温高、湿度大，似“桑拿”环境，并且持续时间长，肉牛非常不适应，不仅造成采食量减少、日增重下降，还引发牛病。因此，必须采取有力措施减少高温的影响。

1）在湿度大、温度高的气候环境下首先要营造较好的干燥、清洁、安静的环境条件，确保育肥牛安全度夏。

2）采用机械通风或其他强制通风措施，达到排除牛舍内污浊空气和降低牛舍温度的目的。安装风扇简单易行。

3）牛舍降温，尽量减少热辐射。①喷水降温。第一，牛舍舍顶喷水降温；第二，牛舍舍内喷水雾降温；第三，牛运动场（或舍内）地面泼水降温。②搭凉棚降温。第一，牛舍顶部搭凉棚降温；第二，牛运动

场搭凉棚降温。

4）充分饮水。清凉、新鲜、充足的饮水是育肥牛安全度夏的重要条件。

5）防治蚊蝇，减少蚊蝇干扰牛的休息。

6）修改喂料时间。早晨多喂，10：00～18：00少喂或停喂，夜间可通宵喂料。

7）有序、规范、制度化管理，使育肥牛养成良好的生活习惯，切忌频繁变动喂料饮水时间。

8）10：00～18：00尽量减少育肥牛的活动。

9）尽量减少育肥牛长时间晒太阳。

二、育肥牛在寒冷冬季的饲养管理要点

育肥牛在外界温度低于7℃时生长发育即受到影响，在北方地区外界温度在零下十几摄氏度或更低（滴水成冰）时对育肥牛增重的影响会更严重，为此必须做好冬季防寒。肉牛冬季育肥防寒的管理特点主要有：

（1）牛舍防风保温　育肥牛适宜的环境温度为7～27℃，高于或低于此温度范围都会影响育肥牛的增重。育肥牛舍内的风速影响牛舍的温度，风速大时温度低，育肥牛舍最适宜的风速为0.3米/秒。牛舍防风保温是冬季育肥牛管理技术的重点。其措施为：首先设计的牛舍为坐北朝南；其次进入冬季时将牛舍北面的通风口或窗口密封防风；再次保温，保温方法常用塑料薄膜，经济实惠。白天温度低于0℃的地区，牛舍采用全封闭结构；白天温度在0℃左右的地区，牛舍采用半封闭结构。

（2）牛舍防潮湿　牛舍的保温和防潮湿是一对矛盾，往往保持了温度，但牛舍太潮湿，黄牛喜欢干燥，因此在保持牛舍温度的同时要注意防止潮湿（育肥牛舍适宜的相对湿度为55%～75%）。采取的措施有：①通风，牛舍采用全封闭结构保温时要在牛舍的顶部多开设启封自如的通风窗，夜间半关闭，白天敞开，以防止塑料薄膜结水或牛舍顶部积水形成冰层，排除有毒有害气体；②及时清除粪尿，减少水分蒸发；③牛舍铺垫干草或干土吸收水分。

（3）牛舍防止有毒有害气体　冬季育肥牛的保健主要是防治有毒有害气体的侵害。育肥牛舍有毒有害气体的源头是牛粪和牛尿。有毒有害气体主要为二氧化碳、氨、硫化氢、一氧化碳，育肥牛舍有毒有害气体的容许标准为：二氧化碳0.25%，氨20毫克/米^3，硫化氢10毫克/米^3，

一氧化碳 20 毫克/米^3。

白天温度在 0℃以下地区的育肥牛舍实施全封闭防风保温时，由于粪尿自然蒸发产生的氨、硫化氢比空气重，所以不能通过牛舍顶部或侧面的通风口排出，造成了牛舍内过多的积存，影响人畜健康（氨、硫化氢对黏膜刺激大，尤其是对鼻、眼的侵害）。防治的措施有：

1）及时清除粪尿。

2）设计实用的通风口。排出氨和硫化氢的排风口应在沿牛舍的南墙脚设强制排风扇，不定时强制排风（半开放牛舍也应如此设计）；无电源的牛舍应采用人工强制排风。

（4）充分饮水

1）水温。有文献记载，育肥牛用雪、冰水、温水为水源，任其饮用，观测其增重和饲料报酬，结果三者没有差别。据此笔者建议使用自然水。

2）水量。育肥牛每天每头的饮水量按该牛采食饲料的干物质计算，每采食 1 千克干物质，应饮水 3 ~3.5 千克。

3）饮水方法。有条件的养牛户采用自流水；一般的养牛户采用定时饮水，每天饮水 3 ~4 次。

4）饮水注意事项。饮水时尽量减少水的外流；饮水槽设在南墙里侧粪尿沟旁；傍晚时清除供水管及水槽剩水，以免供水管及水槽冻裂。

第八章 育肥牛的出栏

育肥牛达到养牛者所预期的体重要求时，应及时结束育肥饲养，并立即出售。否则，将造成直接的经济损失，其原因有以下 3 个方面：

第一，当架子牛经过育肥期饲养达到膘肥体胖时，体内肌肉增长的速度已经远远低于脂肪的沉积速度（此时饲料转化为脂肪的比例增加），因此育肥牛到达育肥结束期的饲料转化效率大大低于育肥期的前、中期，不及时结束育肥并出售，将增加饲养成本。

第二，当架子牛经过育肥期饲养达到膘肥体胖时，增重速度远远低于育肥前、中期，养牛者应尽量防止（避免）这种增重低、饲料消耗高的饲养期。而此时养牛者绝不能采取降低日粮的营养水平来达到节约饲料的目的，因为降低日粮的营养水平会导致育肥牛掉膘、减重。

第三，育肥牛的维持需要量随牛的体重增加而加大。例如，体重 300 千克时的维持需要量为 23.2 兆焦，体重 500 千克时的维持需要量为 34.1 兆焦。1 头 500 千克的育肥牛 1 天的维持需要量折合成玉米（玉米饲料的综合净能为 9.12 兆焦）为 3.73 千克，多饲养 10 天就会无谓地消耗玉米 37.3 千克，多饲养 30 天就无谓地消耗玉米 112 千克。因此，不及时结束育肥并出售，将增加饲料的消耗，加大饲养成本，减少养牛利润。

第一节 肉牛育肥终了的标志

正确地判断育肥牛育肥终了的特征或终了的时间，对养牛户至关重要。这是因为育肥牛最后阶段每头每天的饲养费用较高，而日增重则较低（为 600 ~ 700 克），日增重的回报率较低，如不及时结束育肥，会给养牛户造成较大的经济损失，故应掌握肉牛育肥终了的特征。据笔者总结众多育肥牛饲养能手的经验，判断育肥牛是否充分育肥或是否到达育肥结束期，主要是采用看和摸的方法。

一、看

采用看的方法判断育肥牛是否充分育肥，内容包含以下10个方面。

（1）看育肥牛体膘　育肥牛育肥充分时，全身肌肉发育非常好，体膘非常丰满，看不到骨头外露（图8-1）。育肥牛育肥不充分的外部形态如图8-2所示。

图8-1　育肥牛育肥充分的外表形态

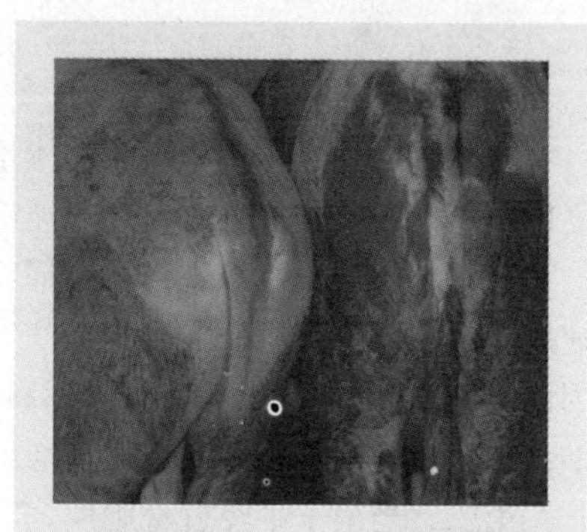

图8-2　育肥牛育肥不充分的外表形态

（2）看育肥牛背部　育肥牛育肥充分时，背部平宽而厚实。

（3）看育肥牛尾根　育肥牛育肥充分时，尾根两侧可看到明显的脂肪凸起（图8-3）。

（4）看育肥牛臀部　育肥牛育肥充分时，臀部丰满平坦（尾根下的凹沟消失），呈圆形且凸出（图8-4）。

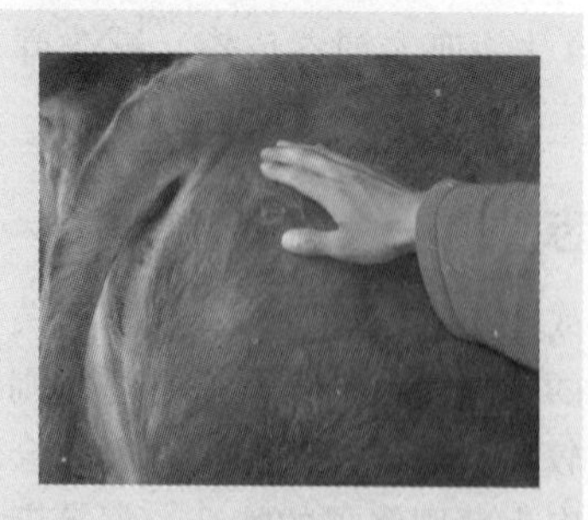

图8-3　育肥充分的牛尾根脂肪明显凸起

图8-4　育肥充分的牛臀部呈圆形且凸出

(5) 看育肥牛胸前端 育肥牛育肥充分时，胸前端非常丰满、圆而大，并且凸出明显（彩图19～彩图21）。

(6) 看育肥牛阴囊 育肥牛育肥充分时，阴囊周边沉积脂肪明显。

(7) 看育肥牛采食量 育肥牛育肥充分时，采食量下降，下降量一般达正常采食量的10%～20%。

(8) 看育肥牛体态 育肥牛育肥充分时，体积大，体态臃肿。

(9) 看育肥牛走动 育肥牛育肥充分时，走动迟缓，四肢高度张开。

(10) 看育肥牛活动 育肥牛育肥充分时，不愿意活动或很少活动，显得很安静，对周边环境反应迟钝。卧下后不愿起来。

二、摸

采用摸的方法判断育肥牛是否充分育肥，内容包含以下5个方面。

(1) 摸（压）背部、腰部 育肥牛充分育肥时，用手指摸（压）其背部、腰部时，有厚实感（彩图22），并且柔软、有弹性。

(2) 摸牛皮 育肥牛育肥充分时，用手指捻摸长肋部位的牛皮时，感到特别厚实，大拇指和食指很难将牛皮捻住。

(3) 摸尾根部 育肥牛充分育肥时，尾根两侧柔软，充满脂肪。

(4) 摸牛肷部 育肥牛育肥充分时，用手握其肷部时有厚实感（彩图23）。

(5) 摸肘部 育肥牛育肥充分时，用手握其肘部时有非常厚实感，大拇指和食指不易将牛皮捻住（彩图24）。

第二节 育肥牛出售

育肥牛出售，关系到养牛户的直接经济利益。笔者在育肥牛育肥结束后的交易（出卖给屠宰厂或牛贩）过程中，对育肥牛体重、质量等级评定、价格标准等的计算进行了多地区、多厂家的考察，发现绝大部分屠宰企业制定的收购体重、质量、价格等标准，有较多的条条框框，养牛户必须把卖牛过程详细了解清楚，以免蒙受经济损失。

一、肉牛体重标准

肉牛育肥后出售时的体重，有较多的称呼及标准，按笔者在华北、东北、西北、华东等地考察，至少包含以下多种标准，各种标准的含意也存在较大的差异。

(1) 肉牛育肥结束体重 肉牛育肥结束体重是指按育肥设计育肥饲

养终了日的第二天早晨，喂料饮水前的实测体重，是育肥牛场的生产指标之一。肉牛育肥结束体重是肉牛场计算饲养承包人或饲养员劳动业绩的考核指标，也是计算饲养承包人或饲养员劳动报酬的依据。但是它不能作为饲养成本计算的依据，更不能作为育肥牛场生产业绩的依据。

影响肉牛育肥结束体重的主要因素是称重前的停水停食时间。如饲养承包人或饲养员为了提升业绩指标，在称重前1~2小时喂料饮水，会造成较大的误差。

（2）肉牛出栏体重与出栏率 肉牛出栏体重是指肉牛离开育肥场时的实测体重，是育肥牛场计算饲料总成本的依据，也是计算饲养承包人或饲养员的该批肉牛劳动报酬的依据。但它不能作为育肥牛场生产业绩考核的依据。出栏体重大的肉牛，出售价不一定随之增加。

出栏体重大小的影响因素，是饲料饲喂量和饮水量。例如：在以出栏体重为计价重的交易中，对1头体重为510千克的育肥牛于屠宰前进行充分喂料和饮水。宰杀后实测瘤胃的重量达到98千克，占510千克的19%。

出栏率有以下几种计算方法：

出栏率=[全年出栏(场)牛数(包括出售活牛和屠宰牛)/上年年末存栏牛总数]×100%

肉牛育肥出栏率=[年内育肥出栏牛数/(年初可育肥牛数+年内购入架子牛数)]×100%

肉牛育成率=(年内育成合格牛数/年初可育成牛数)×100%

出栏率或肉牛育肥出栏率高，说明牛群的周转速度快，牛场资金的周转周期短，也说明牛场生产水平较高；肉牛育成率较高，说明育肥技术水平较高，也说明选购架子牛的技术水平较高。

（3）肉牛交易体重 肉牛交易体重是指肉牛交易瞬间买卖双方认可的体重。交易时双方认可确定的计量肉牛体重的方式方法包括目测估计、衡器称量、体尺测算等。

（4）肉牛估测体重 肉牛估测体重是指肉牛的体重是估计的，与实际体重接近但有一定的差距。估计肉牛体重的方法有以下几种：

1）目测估计。通过人们的眼睛估计肉牛体重，全凭经验。有经验者估测肉牛体重的精确度极高。

2）根据体尺估算。

第一，是根据胸围长度（米）和体斜长（米）估算体重。

育肥肉牛体重（T，千克）= 胸围长度（X，米）的平方 × 体斜长（Y，米）×87.5

$T = X^2 \times Y \times 87.5$

第二，是根据胸围长度（厘米）和体斜长（厘米）估算体重。

育肥肉牛体重（T，千克）=〔胸围长度（X，厘米）的平方 × 体斜长（Y，厘米）〕÷10800

$T = (X^2 \times Y) \div 10800$

（5）肉牛称量体重　肉牛称量体重是指用衡器实际称量的体重。有停水（8小时）停食（24小时）称量的体重和即时体重（不停水停食交易一瞬间的即时称量的体重）。

（6）肉牛计价体重　肉牛计价体重是指肉牛屠宰前的实测体重。这是计算育肥牛场生产产值的依据，也是计算育肥牛场、户生产业绩的依据。育肥结束体重和出栏体重、出栏体重和计价体重不仅不同，它们之间的差距还很大，对育肥牛场（育肥牛饲养户）最具实际意义的是计价体重。

影响肉牛计价体重的因素有以下3个：

第一，以屠宰率为计价标准时：一是屠宰率高，肉牛体重虽小，但计价单位（元/千克）高；屠宰率低，肉牛体重虽大，但计价单位（元/千克）低。二是同样一头肉牛，屠宰前停食停水时间短（损失体重少），因而计价体重大，但屠宰率低，导致计价单位（元/千克）低，因此该牛的卖出价就低；肉牛屠宰前停食停水时间长（损失体重多），因而计价体重小，但由于屠宰率高，计价单位（元/千克）也高，该牛的卖出价就高。

第二，估个计价时，饱食饮水足量的牛（体积大），估价高；空腹瘪肚牛（体积小），估价低。

第三，以净肉重计价，育肥牛七八成饱食程度，计价较高。

（7）肉牛运输前体重　肉牛运输前体重是指肉牛在装上运输工具（车、船）前实际称量的体重。肉牛运输前称测体重前应停止采食6小时（但不能停水），少喂青贮多汁饲料。

（8）肉牛运输后体重　肉牛运输后体重是指肉牛运输到达目的地卸车时实际称量的体重（到达目的地后30分钟内称重）。

（9）肉牛空腹体重　肉牛空腹体重是指肉牛在上一次采食、饮水后至下一次采食、饮水前实际称量的体重。实施自由采食时应在称重的前1天夜间（20：00）停止给料。

（10）肉牛饱腹体重 肉牛饱腹体重是指肉牛吃饱喝足后实际称量的体重。

（11）肉牛停食停水体重 肉牛停食停水体重是指已育肥结束的肉牛在出售给屠宰户称重前16~24小时停止饲喂饲料、4~6小时停止饮水后的体重。肉牛停食停水后体重肯定会损失。据笔者的测定，一头体重为530千克左右的育肥牛，其停食停水体重损失4%左右（表8-1），即1头500千克的肉牛的作价体重只有480千克左右。肉牛屠宰前停食停水24小时是行业的规定，因此给肉牛育肥户计算饲养成本、经济效益账时，绝不能以出栏体重作为计价的依据，否则会误导肉牛育肥户。

表8-1 肉牛停食停水24小时的体重

批次	统计头数/头	停食停水前体重千克	停食停水24小时后			备注
			体重/千克	失重/千克	失重占停食停水前体重的百分比（%）	
1	7	515.00±20.26	496.43±18.87	18.57	3.61	在拴系的情况下停食停水，无活动
2	9	493.87±28.26	482.78±28.19	11.09	2.25	
3	16	549.69±65.76	524.69±59.09	25.00	4.58	
4	17	470.59±28.06	455.88±25.87	14.73	3.13	
5	22	540.45±52.48	522.50±50.89	17.95	3.32	
6	16	535.63±32.70	517.50±30.82	18.13	3.38	
7	15	559.00±46.61	530.33±46.96	28.67	5.13	
8	15	545.67±56.03	518.00±52.47	27.67	5.07	
9	12	529.17±46.99	509.17±44.15	20.00	3.78	
10	10	554.00±57.92	527.50±55.34	26.50	4.78	
11	6	564.17±99.15	538.33±86.12	25.84	4.58	
12	9	563.89±54.10	535.56±54.28	28.33	5.02	
13	24	555.83±40.18	524.38±38.77	31.45	5.66	
合计	178	536.88	513.96	22.92	4.27	

（12）肉牛屠宰前体重 肉牛屠宰前体重是指肉牛屠宰前（几分钟）称量的体重。由于屠宰前体重是计算屠宰率的基本参数，因此称重前是

否停食停水、停食停水时间的长短、称重和屠宰的间隔时间的长短等都会影响屠宰率（屠宰率 = 胴体重/屠宰前体重 ×100%）的高低。屠宰率又是计算活牛价值的主要参数，因此屠宰率是直接影响肉牛产值的基础。按畜牧行业和市场的要求，肉牛屠宰前应停食 24 小时，停水 6 小时。停食停水时间短，屠宰前牛体肠胃未排出内容物多，则牛体重相对较大，屠宰率就低，肉牛产值低；停食停水时间长，屠宰前牛体肠胃排出内容物多，则体重相对较小，屠宰率高，肉牛产值高。一般规定称重后应在 30 分钟内屠宰。如果称重后几个小时才屠宰，会降低屠宰率，也会降低肉牛的产值。

肉牛育肥户适时地停食停水，屠宰前准确称重，可获得较好的经济效益。

二、肉牛收购标准

1. 计价依据

（1）活牛　体型、外貌、体膘、体重、体表皮肤有无划伤等。

（2）胴体　胴体重、胴体表面脂肪覆盖率、脂肪颜色、脂肪厚度等。

（3）屠宰率　大多民营企业把屠宰率 52% 作为计价的基点。

2. 计价标准

屠宰率是肉牛计价标准的基本参数。因此，称重前是否停食停水，会影响屠宰率的高低，屠宰率又是计算活牛价值的唯一参数，因此屠宰率是直接影响牛计价的基础。下面以实例介绍肉牛屠宰前停食停水对该牛价值的影响。

有些出售的育肥牛在屠宰前停食停水 48 小时以上，使原来体重 500 千克的牛经过饥饿后体重减为 470 千克。那么，卖 500 千克的牛合算还是卖 470 千克的牛合算？实践证明出售 470 千克的牛更合算。以屠宰率 52% 为活牛作价的起步价，增加或减少 1 个百分点，按增加或减少 0.2 元/千克体重计算见表 8-2。

表 8-2　育肥牛的计价体重、屠宰率与售价

计价体重/千克	屠宰率（%）	计价/(元/千克)	每头售价/元
500	50.0	8.8	4400.0
495	51.0	9.0	4455.0

（续）

计价体重/千克	屠宰率（%）	计价/(元/千克)	每头售价/元
490	51.5	9.2	4508.0
485	52.0	9.4	4559.0
480	53.0	9.6	4608.0
475	54.0	9.8	4655.0
470	55.0	10.0	4700.0

从上面的计算看出，体重每下降 5 千克，屠宰率就增加 1 个百分点左右，每千克体重增加 0.2 元。育肥牛体重 500 千克时的出售价为 4400 元，停水停食后体重减少了 30 千克，但是由于屠宰率提高，每千克活重的价格也提高了，体重 470 千克的出售价为 4700 元，比体重 500 千克出售价多了 300 元。因此，养牛户出售育肥牛时一定要把计算体重标准、计价标准了解清楚。

第三节 育肥牛市场

一、育肥牛市场收购标准

养牛户饲养育肥牛是要出售而不是自办屠宰加工厂，所以对市场客户的育肥牛收购标准要十分了解。例如，某牧业集团有限公司收购育肥牛的标准为：①体质：健康，无病，无伤残，体表无划伤，没有受牛皮蝇虫侵犯（无虻眼）。②体重：500 千克以上。③性别：阉公牛（去势公牛）。④年龄：纯种牛最大月龄不超过 36 月龄，杂交牛最大月龄不超过 30 月龄。⑤品种：除荷斯坦牛外。⑥体型外貌：长方形或圆桶形，不收购腹部过大或过于下垂的牛。⑦育肥程度：经过充分育肥，八成膘情以上。⑧屠宰率：52% 以上（屠宰率 52% 为牛价的起步价，超过 1 个百分点，每千克体重加 0.2 元。屠宰率越高，牛的售价就越高）。⑨胴体脂肪：85% 以上，白色、微黄色，硬度坚挺，背部脂肪厚度为 10～20 毫米。⑩胴体重：260 千克以上。

二、收购及价格

1. 收购价标准

（1）优质、高档牛 高价（特级牛），除满足上述某牧业集团收购育肥牛标准的前 6 条外，屠宰率 52% 为牛价的起步价，每增加或降低 1

个百分点，根据市场行情相应提高或降低价格。

有关项目的要求是：胴体重大于280千克；胴体体表脂肪覆盖率90%以上；脂肪颜色为白色；脂肪硬度坚挺；背部脂肪厚度大于15毫米。

（2）低于优质、高档牛，高于标准牛　优等价（甲级牛），除满足上述某牧业集团收购育肥牛标准的前6条外，屠宰率52%为牛价的起步价，增高或降低1个百分点，每千克体重就增加或减少0.2元。

有关项目的要求是：胴体重大于260千克；胴体体表脂肪覆盖率在85%以上；脂肪颜色为白色；脂肪硬度坚挺；背部脂肪厚度大于10毫米。

（3）标准牛　标准价（乙级牛），屠宰率52%为牛价的起步价，增高或降低1个百分点，每千克体重就增加或减少0.2元。

有关项目的要求是：胴体重大于220千克；胴体体表脂肪覆盖率在75%以上；脂肪颜色为微黄色；脂肪硬度坚挺；背部脂肪厚度小于10毫米。

（4）标准以下牛　协商价（丙级牛）。

（5）病残牛　协商价。

2. 活牛定级

据对中原、东北肉牛带几十家屠宰企业的调查，屠宰企业收购育肥牛常用的活牛标准等级分为4级，即特级、一级、二级、三级，各级别的标准如下：

（1）特级牛　屠宰前活重在550千克以上；外貌丰满，皮毛光顺；躯体结构匀称，符合品种特点；背部平宽，臀部方圆，尾根两侧隆起明显，两臀端下方平坦无沟，看不到臀端凸出；前胸开张，胸突丰满圆大；膘情为满膘。

（2）一级牛　屠宰前活重在500千克以上；外貌较丰满，皮毛光顺；躯体结构匀称，符合品种特点；背部平宽，臀部较方圆，尾根两侧隆起较明显，两臀端下方较平坦，臀端不凸出；前胸较开张，胸突较丰满圆大；膘情为九成膘。

（3）二级牛　屠宰前活重在450千克以上；外貌尚丰满，皮毛光顺；躯体结构较匀称，符合品种特点；背部平直，尾根两侧隆起；前胸稍开张，胸突稍丰满圆大；全身肌肉发育尚可；能看到臀端凸出；膘情为八成膘。

（4）三级牛 屠宰前活重在400千克以上；外貌尚丰满，皮毛尚光顺；躯体结构尚匀称，符合品种特点；背部平直，尾根两侧隆起差；前胸开张差，胸突丰满度差；全身肌肉发育差；臀端较凸出；全身膘情为六七成膘。

华南、西南肉牛带屠宰企业收购育肥牛，其活牛分级标准比中原、东北肉牛带低（主要表现在胴体重量）。

养牛户饲养的育肥牛不出售而自办肉牛屠宰加工厂屠宰，则要对牛肉市场客户用肉标准了解清楚。在屠宰前也应制定肉牛屠宰标准，以便于进行经济核算。

三、牛肉市场

养牛户了解牛肉市场的需求，才能饲养出符合市场需求的肉牛，屠宰行业才能获得市场客户需要的牛肉。据笔者调查，高价牛肉市场因制作、风味、习惯等的不同，至少可以分为3大类，即以日本餐饮为代表的较肥牛肉型、以欧洲餐饮为代表的瘦牛肉型、以美国餐饮为代表的肥瘦适中型。优质牛肉市场以嫩度的要求为最高、以肌肉纤维中具有适量（脂肪量占18%～22%）脂肪为特色。

第四节 育肥牛的运输

育肥牛运输是指育肥已经结束、即将出售的肉牛的运输。经过相当时间的育肥，已达出栏标准的牛，要通过运输送到屠宰厂。运送育肥牛的工具主要是汽车或拖拉机，具体方法参照第四章架子牛的运输相关内容。

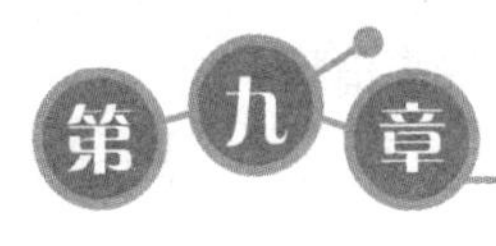

第九章 育肥牛的防疫保健

我国肉牛产业从20世纪90年代起，以前所未有的速度蓬勃发展，肉牛繁殖、培育牛犊和架子牛饲养、肉牛育肥的专业化分工更加明显。肉牛育肥在肉牛产业链中的地位更加突出，肉牛易地育肥技术的运用，促进了育肥牛的广泛流动；高密度养牛、快速、育肥、高档（价）牛肉生产等技术措施的实施，推动和加快了我国肉牛产业化的进程。但是从另一方面给养牛业尤其是育肥牛的防疫保健工作带来了新的课题。

第一节 育肥牛场的防疫措施及制度

肉牛育肥防疫保健要从源头抓起，从母牛繁殖到架子牛育肥，一个环节都不能缺少，每个环节都不能有漏洞。下面结合肉牛易地育肥技术介绍肉牛育肥环节中的防疫保健。

一、架子牛的疫情考察

(1) 生产地疫情的考察 通过县、乡、村各级兽医防疫部门，了解当地近6个月内有无家畜疫情、疫病，何种疫病，发病头数、病区面积、发病季节、死亡数及死亡后的处理方法等。

(2) 交易现场的检查 在架子牛交易地进行现场检查，检查内容如下：①牛的食欲；②牛的静态和动态的表现；③测试牛的体温；④牛的各种免疫接种的证件及证件的有效时间。

(3) 实验室的检验内容 必要时进行实验室检验，检验内容包括：①口蹄疫；②结核病；③布鲁氏菌病；④副结核病；⑤牛传染性胸膜肺炎；⑥炭疽病。

二、育肥牛场的防疫措施

育肥牛场的防疫措施主要有以下各项：

1）牛场大门口设消毒池。池深度为25～30厘米，池内填锯末，用

5% 火碱水浸湿，进、出牛场车辆必须经过消毒池消毒。

2）牛场大门口设消毒室，进出人员必须经过消毒室消毒。

3）设专用兽医室，并建立牛舍巡视制度。

4）牛舍定期消毒。设立病牛舍，发现病牛立即隔离治疗。

5）建立疾病报告制度。

6）建立病牛档案制度和病牛处理登记制度。

7）谢绝参观生产间，如牛围栏、饲料调制间等。为防止传播病害，可采用闭路电视代替现场观看。

三、引进架子牛的防疫制度

引进架子牛的防疫制度包括以下内容：

第一，在架子牛收购前，对架子牛产区进行疫情调查，并对架子牛运输沿线也进行疫情调查，不在有疫情地区收购架子牛。

第二，在育肥牛场边一侧专设架子牛运输车的消毒点，在架子牛卸车前将车体、车厢、车轮彻底消毒。

第三，架子牛卸车后、检疫和观察前进行消毒。对架子牛用消毒药液喷雾、喷淋。

第四，经过运输的架子牛，到牛场后要再次进行检疫和观察，确认健康无病才让其进入过渡牛舍（检疫牛舍）。

第五，经过 5 ~7 天的检疫和观察，确认健康无病后，将架子牛转入健康牛舍饲养。

第六，收购架子牛时，架子牛产地必须出具县级以上的检疫证、防疫证和非疫区证件。

四、病牛疾病报告制度

病牛疾病报告制度包括以下内容：

1）一旦发现病牛，应立即报告兽医人员，报告人要清楚、准确地说明病牛所在位置（牛舍号、牛栏号）、病牛号码和简单病情。

2）兽医人员接到报告后，应立即到病牛跟前进行诊断、治疗。

3）病牛是否需要隔离，兽医应尽早做出判断。

4）遇有传染病和重大病情时，兽医人员应立即报告给牛场领导人，并提出自己对病情的看法、治疗方案和处理方案。

五、病牛隔离制度

病牛隔离制度的内容如下：

1）在育肥牛场的一角建设病牛舍。病牛舍的位置在牛场常年主导风向的下方，与健康牛舍有一定的隔离距离或有围墙隔离。病牛舍分传染病和非传染病两种。

2）在病牛舍有专职饲养员，调制适口性较好的配合饲料，精心喂养病牛。病牛舍的饲养员平时不得进入健康牛舍，健康牛舍的饲养员也不得进入病牛舍。

3）严格禁止病牛舍的设备用具进入健康牛舍。

4）兽医人员出入病牛舍，必须更换工作服和鞋、帽，必须消毒后才能进入健康牛舍。

5）病牛的粪便、尿液、垫草和剩余饲料等必须进行无害化处理，然后才能利用。

6）病牛治疗痊愈后，经过兽医的同意方能重新回到健康牛舍。

7）兽医人员每次治疗、用药必须书写处方并存档。

六、死亡牛的处理

病牛死亡后要按以下程序进行处理：

1）在病牛舍下风向不远处设焚尸炉，传染病牛或疑似传染病牛死亡后必须用焚尸炉焚烧尸体。

2）病死牛不得在牛舍内放血、剥皮和割肉。

3）在兽医指导下进行病死牛无害化处理。

4）病死牛的围栏必须进行有效的消毒。

5）兽医人员必须书写牛的死亡报告（按死亡牛的报告要求书写），兽医签名，并写明年、月、日。

七、消毒制度

1. 牛场消毒制度

（1）环境消毒　①育肥牛场周边经常用2%火碱溶液进行消毒，每月至少1次。②育肥牛场排粪坑、污水池、下水道出口处每月用10%~20%漂白粉混悬液消毒1次。③育肥牛场入场处设消毒池，消毒液每周更换1次（供进、出车辆消毒用）；消毒池旁设人用消毒房进行喷雾或紫外线消毒，为进、出牛场人员必经之道。

（2）牛舍消毒　①牛舍入口处设消毒池，消毒液（2%~3%火碱溶液）每周更换1次（供人员和进、出车辆消毒用）。②每天打扫，及时清除粪尿，每周喷洒消毒液1次。③每批育肥牛调出后，立即用高压水

冲洗并消毒（用0.1%新洁尔灭溶液），1周后方能调进新的肉牛。④病牛牛圈或牛舍必须用高强度消毒液或火焰消毒。⑤牛场内严格区分清洁道和污染道，饲料运输必须在清洁道上，粪尿运输必须在污染道上。⑥病牛舍每天消毒1次。

2. 牛场用具消毒制度

①饲槽每月消毒1次；自动饮水槽2周消毒1次，定时饮水槽每周消毒1次。消毒液为0.1%新洁尔灭溶液。②饲料车、饲草车每天消毒1次（用0.1%新洁尔灭溶液）。③清扫粪尿的用具每天消毒1次（用0.1%新洁尔灭溶液）。④饲料配制间每月消毒1次（用0.1%新洁尔灭溶液）。⑤饲料库保持干燥，经常消毒（用0.1%新洁尔灭溶液）。⑥兽医用针管用完后，必须立即消毒（蒸煮）。

3. 牛体消毒制度

①每周对牛体用0.1%新洁尔灭溶液进行喷雾消毒1次。②经常让牛晒太阳。③防疫注射疫苗或给病牛注射药物前必须严格消毒注射部位。

4. 员工及其他入场人员消毒制度

①员工进入育肥牛场前，必须在指定的洗澡间洗澡，并更换工作服和鞋、帽。②更换工作服后，在育肥牛场入口处的消毒室消毒。③参观人员只能在指定的参观通道内参观。④必须进入育肥牛场的人员，应洗澡、穿着牛场的工作服、一次性鞋和帽，由专人陪同，按指定路线行走（或在指定的区间工作）。

5. 消毒药浓度及消毒对象

牛场常用消毒药名称、含量和消毒对象见表9-1。

表9-1　牛场常用消毒药名称、浓度和消毒对象

消毒药名称	含　量	消毒对象
生石灰乳	10%~20%	牛舍、围栏、饲槽、饮水槽
热草木灰水	20%	牛舍、围栏、饲槽、饮水槽
来苏儿溶液	3%~5%	牛舍、围栏、用具、污染物
漂白粉混悬液	20%	牛舍、围栏、车辆、粪尿
火碱溶液	1%~2%	牛舍、围栏、车辆、污染物
过氧乙酸	0.5%	牛舍、围栏、饲槽、饮水槽、车辆
过氧乙酸	3%~5%	仓库（按仓库容积，2.5毫升/米^3）
臭药水	3%~5%	牛舍、围栏、污染物

八、饲养、管理人员的卫生保健

1）饲养、管理人员的体格检查，每6个月进行全身体检1次。

2）工作服要定期消毒（煮沸10～15分钟）。

3）勤洗澡、勤换内衣，勤理发，勤修指甲。

4）教育牛场职工、食堂采购员，绝不能在未经防疫检验的肉摊上购买生熟肉制品到牛场食用。

5）教育牛场职工绝不能在未经防疫检验的肉摊上购买生熟肉制品在自家食用，更不能带进牛场食用，防止传染病。

6）教育饲养病牛的职工不去健康牛舍，教育饲养健康牛的职工不去病牛舍，防止疾病传染。

7）牛场设置病牛专用饲养工具。

第二节　架子牛育肥期保健制度

一、架子牛运输期的保健措施

1）运输车厢底铺垫干土或干草，以防牛在运输途中滑倒。

2）运输前服用液体维生素A或注射维生素A50万～100万单位。

3）运输途中，运输车辆起动要慢，中速行进，切勿紧急制动，停车要稳。

4）遇到恶劣天气（如狂风暴雨、大雪、高温、闷热等），应停车待运。

5）运输时间在6小时以上时，应安排牛饮水、休息；运输时间在12小时以上时，应安排牛饮水、吃料。

6）运输途中要始终保持通风良好。冬季运输时车上应具备防风设备。

二、架子牛过渡期的保健措施

1）架子牛运输到牛场后，应立即检疫、称重和消毒。

2）采取恢复性饲养措施，尽快恢复架子牛的正常生活。

3）驱除架子牛体内外寄生虫。

4）保持牛舍干净、清洁和安静，营造一个有利于架子牛的生长生活环境。

5）免疫接种。肉牛育肥场应经常有计划地进行免疫接种，这是预防和控制牛传染病的重要措施之一。为确保牛的健康，新接收的架子牛

进场应立即接种疫苗。育肥牛场常用的预防接种疫（菌）苗有：①无毒炭疽芽孢苗预防炭疽病。12 月龄以上的牛皮下注射 1 毫升。12 月龄以下的牛皮下注射 0.5 毫升。注射后 14 天产生免疫力，免疫期 12 个月。②Ⅱ号炭疽菌芽孢预防炭疽病。皮内注射 0.2 毫升，皮下注射 1 毫升。使用浓菌苗时，按瓶签规定的稀释倍数稀释后使用。注射 14 天后产生免疫力，免疫期 12 个月。③气肿疽明矾菌苗（甲醛苗）预防气肿疽病。皮下注射 5 毫升（不论牛年龄大小）。注射后 14 天产生免疫力，免疫期 6 个月。④口蹄疫弱毒疫苗预防口蹄疫。周岁以内的牛不注射，1 ~2 岁牛肌内或皮下注射 1 毫升，3 岁以上的牛肌内或皮下注射 3 毫升。注射 7 天后产生免疫力，免疫期 4 ~6 个月。育肥牛接种 A、O 型双价弱毒疫苗更安全保险。在生产实践中，接种疫苗的病毒型必须与当地流行的病毒型一致，否则达不到接种疫苗的目的。⑤牛出血性败血症氢氧化铝疫苗预防牛的出血性败血症。肌内或皮下注射，体重在 100 千克以下的牛注射 4 毫升，体重在 100 千克以上的牛注射 6 毫升。注射 21 天后产生免疫力，免疫期 9 个月。⑥牛副伤寒氢氧化铝菌苗预防牛副伤寒。1 岁以下的牛肌内注射 1 ~2 毫升，1 岁以上的牛肌内注射 2 ~5 毫升。注射 14 天后产生免疫力，免疫期 6 个月。

6）药物保健。使肉牛具有健康的体质，达到肉牛育肥生产的最佳效果，在肉牛配合饲料中长期饲喂（添加）符合我国卫生要求的抗生素、保健剂等添加物是十分重要的。育肥牛常用药物的种类及用量见表 9-2，供参考。

表 9-2　育肥牛常用药物的种类及用量

药物种类	牛别	剂　量	作　用
金霉素	犊牛	25 ~70 毫克/(头・天)	促进生长，防治痢疾
金霉素	肉牛	100 毫克/(头・天)	促进生长，预防烂蹄病
金霉素 + 磺胺二甲嘧啶	肉牛	350 毫克/(头・天)	维持生长，预防呼吸疾病
红霉素	牛	37 毫克/(头・天)	促进生长
新霉素	犊牛	70 ~140 毫克/(头・天)	防治肠炎、痢疾
土霉素	肉牛	0.02 毫克/(天・千克体重)	提高日增重，防治痢疾

（续）

药物种类	牛别	剂　　量	作　　用
青霉素	肉牛	7500 单位/（头·天）	防治肚胀
黄霉菌素	肉牛	30～35 毫克/（头·天）	提高日增重速度
黄霉菌素	犊牛	12～23 毫克/（头·天）	提高日增重速度，提高饲料利用率
杆菌肽锌	牛	35～70 毫克/（头·天）	提高增重，保健
泰乐菌素	肉牛	8～10 克/吨饲料	提高增重，保健
赤霉素	肉牛	80 毫克/头（15 天/次）	提高增重，提高饲料利用率
黄磷脂霉素	牛	8 毫克/千克饲料	促进生长，提高饲料利用率

育肥牛使用保健药物和添加物的说明：①抗生素和保健剂的使用量都较微少，因此在使用前应在特制的混合机内和辅料（或载体）一起充分搅拌（扩散处理）。②上述抗生素和添加物应在肉牛出栏前 21～28 天停止使用。③泰乐菌素和瘤胃素可以使用到肉牛屠宰。④在使用瘤胃素时，千万注意防止马属动物接触以免发生危险。操作时，先将添加剂饲料稀释，使用时和蛋白质饲料的操作法相同。⑤育肥牛使用药物后会在体内积存药的残留物，因此当使用上述药物促进育肥牛的增重或保健时，在屠宰前 60～90 天要停止使用药物。

三、架子牛育肥期的保健措施

1）严格遵守架子牛育肥期的各项饲养管理制度，让育肥牛吃饱喝足、休息好。

2）提高饲料配方的科技含量，配方变更时必须有过渡期。

3）不喂霉烂变质饲料。

4）坚决贯彻预防为主、防重于治的主动防疫制度。

5）保持育肥牛舍的清洁卫生、干燥、安静。

6）饮水充分、清洁卫生。

7）饲养管理人员要热爱养牛工作，爱牛爱岗，善意待牛，不鞭打牛。

8）有条件的育肥牛场及养牛户，可在牛舍、牛圈安装音响，播放轻音乐，营造良好的生活环境，形成牛的条件反射，有利于牛的身心健康。

9）严禁用违禁药品、低质或超标添加剂喂牛或注射。

第三节 育肥牛常见疾病的防治

架子牛在育肥阶段比较常见的疾病有以下几种：

一、腹泻

架子牛在育肥过程中常常发生腹泻现象，粪便有时呈黑色，有时呈黄色。

【致病原因】 ①用发霉变质的饲料喂养育肥牛。②饲料配合不合理，饲喂精饲料量过大。③天气突然变化。

【主要症状】 ①腹泻。②采食量显著下降；精神状态不好，表现为低头、闭眼、尾巴不停地摆动等。

【治疗方法】 ①由细菌引起的腹泻，采用相应的防止、防治药物。②由于育肥后期饲喂精饲料量过大而引起的腹泻，在配合饲料中添加瘤胃素，每头每天的喂量为：0～5天60毫克，6天后200～300毫克，最大量不能超过360毫克。或者喂小苏打，喂量为精饲料量的3%～5%。直至育肥结束。

【预防措施】 ①严格禁止用发霉变质的饲料喂养育肥牛。②变更饲料配方时应逐步完成，至少应有3～5天的过渡时间。③在育肥期，精饲料量的比例超过60%（以干物质为基础）时，配合饲料中应添加瘤胃素。

二、口蹄疫

口蹄疫是牛、羊、猪等偶蹄动物的一种急性、高度接触性传染病。

【致病原因】 感染口蹄疫病毒。

【主要症状】 ①牛食欲下降，采食量减少，流涎，闭口，体温达40～41℃。②在牙龈、口腔唇部内侧面、舌表面及面颊部的黏膜有水疱，水疱有黄豆大至核桃大。③蹄部趾间、蹄冠部皮肤与乳房皮肤发生水疱和溃烂。

【治疗方法】 ①口腔处理：用1%食盐水、0.1%高锰酸钾溶液冲洗口腔，溃烂面涂抹5%碘甘油（取碘片5克、碘化钾5克，用少量酒精溶解后加甘油100毫升调制而成），或者涂抹3%紫药水。②牛蹄处理：用3%来苏儿溶液洗净牛蹄，患病部位涂擦鱼石脂软膏或松馏油，用绷带包裹。③乳房处理：乳头的患病部位涂抹青霉素或磺胺软膏。

【预防措施】 ①常年防疫，重点做好春秋两季的疫苗注射，注射密度为100%。②新购进架子牛时100%注射疫苗。③坚持常年防疫消毒，定期检疫。

三、炭疽病

【致病原因】 由炭疽杆菌引起。

【主要症状】 ①急性的呼吸困难；突然发病倒地；眼结膜的颜色发绀；鼻、眼流血，血液不凝固，数小时内死亡。②慢性的有明显的腹部疼痛症状；便血；前胸、腰部有水肿病变。

【治疗方法】 ①静脉注射抗炭疽血清100～300毫升，4～6小时注射1次。②肌内注射青霉素200万～400万单位，4～6小时注射1次。

【预防措施】 注射无毒炭疽芽孢苗，12月龄以上的牛皮下注射1毫升；12月龄以下的牛，皮下注射0.5毫升，免疫期1年；注射Ⅱ号炭疽芽孢苗，皮下注射1毫升，免疫期1年。

四、结膜炎（红眼病）

【致病原因】 结膜炎由一种病毒引起。

【主要症状】 ①眼睛红肿。②眼睛有脓一样的分泌物，严重时眼球凸出、失明。③食欲不振。

【治疗方法】 ①先用生理盐水清洗眼部，再用眼药水点眼，每天数次。②控制体温。

【预防措施】 ①不在有结膜炎病区采购架子牛。②新采购的架子牛进场时一律用眼药水点眼。

五、前胃弛缓

牛前胃弛缓是牛育肥期中最为常见的疾病之一。中兽医称之为“胃寒不吃草”。常常由于前胃功能紊乱，导致育肥牛的食欲下降甚至绝食，前胃蠕动减弱甚至停止，有时伴有腹泻现象。

【致病原因】 造成育肥牛前胃弛缓的原因较多，归纳有以下几种：①饲料配合、配方不合理。或者精饲料比例过高（或者酒糟、粉渣饲料的比例过高或块根饲料、多汁饲料的比例过高）。②饲养制度不合理。饲养方法的突然改变，如粗饲料型配合饲料突然改为精饲料型配合饲料，导致粗饲料采食量显著减少，而精饲料采食量过量增加，造成前胃功能的紊乱。③饲料单一，导致饲料营养成分的极度不平衡，牛食欲下降，采食量减少。④饮水质量差。饮水量少，或饮水不及时，或水不清

洁，尤其饲喂较多的干粗饲料时易发生前胃弛缓。⑤喂料不及时。两次喂料的间隔时间太长，育肥牛一次采食量过多。⑥天气突然变化。突然变化了的天气，导致育肥牛抵抗力下降，前胃蠕动减弱甚至停止。⑦创伤性网胃炎诱发。⑧其他原因。由寄生虫病（如肝片吸虫病、血孢子虫病）、传染病（流行热）等诱发。

【主要症状】 病牛无反刍，或反刍极缓慢；停止采食，停止饮水；听诊时瘤胃蠕动减弱甚至停止；牛粪便呈块状或条索状，上附黏液；有时先便秘后腹泻，或两者交替进行；病牛严重脱水，卧地不起。

【治疗方法】 基本原则是促进前胃收缩。

方案一：用酒石酸锑钾药6~12克，溶化于100~200毫升水中，加适量水一次灌服。

方案二：按育肥牛体重大小，皮下注射药液（卡巴胆碱）。

方案三：洗胃。用4%碳酸氢钠溶液或0.9%食盐溶液充分洗胃。洗胃以后给牛补充液体，液体配方为：5%糖盐水1000~3000毫升，或20%葡萄糖注射液500毫升，或5%碳酸氢钠注射液500毫升、20%安钠咖注射液10毫升，一次静脉注射。或者10%氯化钠注射液500毫升、20%安钠咖注射液10毫升，加适量水一次静脉注射。

方案四：氯化钠25克、氯化钙5克、葡萄糖50克、安钠咖1克、蒸馏水500毫升，灭菌，一次静脉注射。

方案五：人工盐250~300克或硫酸镁500克，加适量水溶化一次灌服。

方案六：灌服健胃剂。龙胆酊50~80毫升或大黄酊50~80毫升或生姜酊50~80毫升，一次灌服。

方案七：防止胃肠异常发酵。鱼石脂10~15克、酒精100~150毫升，加适量水，一次灌服，或者喂碳酸氢钠。

【预防措施】 ①杜绝各种致病原因的发生。②饲料配方中精饲料比例较高（60%以上）时，每头牛每天喂瘤胃素200~300毫克。③喂牛的饲料必须经过磁化处理，防止铁丝、铁钉混入饲料，伤及网胃。

六、瘤胃臌胀（胀肚、气胀）

【致病原因】 ①饲料配方不当，或饲料搅拌不均匀，致使个别育肥牛吃了过量的易发酵的青饲料、白薯（红薯、山芋、地瓜）块或精饲料。②管理不当，育肥牛跑出围栏，采食大量的精饲料。③误食有毒饲

料、饲草，如野草毒芹和毛茛等。④由于饥饿采食了较大量发霉变质饲料。⑤瘤胃积食、创伤性网胃炎疾病等因素，也会诱发瘤胃臌胀。

以上前4种情况，极容易造成育肥牛瘤胃内容物在短时间之内急剧发酵，产生大量的气体不易排出，形成瘤胃胀臌。

【主要症状】 ①牛的腹部急剧膨胀，左侧肷窝显著臌起，用手敲打瘤胃时能听到鼓音。②食欲、反刍完全废绝。③病牛惊恐不安，四肢开张，呼吸困难。严重时张口伸舌，口角流涎。随着病情加剧，卧地不起，呼吸越来越困难。

【治疗方法】 ①木棒消气法。病情较轻时，用木棒消气法可获得较好的治疗效果。具体方法是，用一根长30厘米的木棒，压在牛的口腔内，木棒两端露出口角两侧，并用细绳拴在牛角上，在木棒上涂抹食盐之类有味的东西，利用牛张口舔木棒的动作，帮助胃内气体逐渐排出。②用食用醋500～1000毫升，加植物油500～1000毫升，一次灌服。③灌服泻药硫酸镁500～1000克、液状石蜡1000～1500毫升、松节油30～40毫升，加水适量，一次灌服。④取生石灰500克，加水3000～4000毫升，充分搅拌均匀、沉淀，取清澈溶液灌服。⑤排气减压法。

方法一：把导管经食管插入瘤胃，气体由导管排出，要掌握排气速度，切忌放气速度太快。

方法二：用套管针头放气，在腹部左侧剪毛、消毒，将套管针刺入瘤胃后再取出套管针针芯，气体随套管慢慢排出。快速排气会发生死牛现象，要注意加以防止。

用方法二排气，遇排气受阻或排出泡沫，可进一步诊断为泡沫性臌气病。治疗泡沫性臌气病，用聚氧化丙烯药与聚氧化乙烯药的合剂20～25克，灌服；或者消泡剂二甲硅油30～60片，灌服。

【预防措施】 ①切实做好育肥牛的饲料配合、搅拌，饲料配方不要轻易变更。②采用野草喂牛，要检查有无毒草，如野草毒芹、毛茛等。若有，要去除干净。③防止用霉烂变质饲料喂牛。④饲养管理有序、制度化，防止牛跑出围栏。

七、瘤胃积食

【致病原因】 ①育肥牛突然采食大量精饲料，多发生于牛跑出围栏；或育肥牛在较长期采食粗饲料较低的（粗饲料比例小于15%）配合饲料。②由其他疾病，如瘤胃迟缓、瓣胃阻塞、创伤性网胃炎等所诱发。

【主要症状】 ①食欲、反刍完全废绝。②牛鼻镜无水珠（干燥），腹痛不安，回头望腹、后肢踢腹、摇尾弓背等症状明显。③腹围增大，左侧下部尤为明显。④排粪次数增加、排粪数量减少。⑤触摸瘤胃时可感到瘤胃坚实。听诊瘤胃时，蠕动音减弱，次数减少。严重时瘤胃停止蠕动。⑥呼吸困难。

【治疗方法】 ①治疗较轻病牛：饥饿疗法，即在发现病症后停止喂精饲料1~2天，但饮水供应要充足，并限量饲喂优质干草、青贮饲料和鲜草。②治疗较重病牛：一是用硫酸钠或硫酸镁500~1000克，溶解于水，配制成10%的溶液，一次灌服。或者用液状石蜡1000~1500毫升、蓖麻油500~1000毫升，一次灌服。用过泻药后给牛补充生理盐水5000毫升。二是强制瘤胃蠕动，用酒石酸锑钾8~10克，溶于水，每天灌服1次，连续2~3天。三是洗胃，用4%碳酸氢钠溶液尽量将瘤胃内容物洗出。洗胃后大量补充生理盐水。

【预防措施】 ①防止育肥牛在较长时间内吃不到饲料，导致饥饿暴食，在短时间内采食过量饲料，造成瘤胃积食。②配合饲料的变更要逐渐完成。突然变更饲料配方，易引起育肥牛在短时间内采食饲料过量，造成瘤胃积食。③防止育肥牛出栏偷吃精饲料。④在高精饲料强度催肥阶段，配合饲料中要添加瘤胃素或喂碳酸氢钠。

八、创伤性心包炎

【致病原因】 牛的采食速度较快，当饲料中混有铁丝、铁钉及其他尖锐金属物，随饲料进入牛的第一胃，继而进入网胃。网胃与心脏仅一膜相隔，随着胃的蠕动，铁丝等金属极易刺破胃壁，伤及心包，造成心包炎。

【主要症状】 ①牛毛粗糙，无光泽。②弓背，喜站、不愿意卧地。

【治疗方法】 由于治疗效果差，因此一旦确诊，应立即淘汰。

【预防措施】 ①在饲料粉碎机入口处放置强磁铁，吸附铁丝等金属物。②喂饲料前检查饲料中有无铁丝等金属物。③定期用磁棒放入胃内吸附。

九、肝脓肿

【致病原因】 ①高精饲料催肥阶段，营养代谢紊乱。②体内寄生虫侵犯肝脏。

【主要症状】 ①食欲减退，采食量下降，逐渐消瘦。②测量体温时

常有低热现象。

【治疗方法】 ①注射青、链霉素，上午、下午各1次，达到控制体温的目的。②投喂或注射保肝药物。

【预防措施】 ①驱除体内寄生虫。②高精饲料催肥阶段，配合饲料中加瘤胃素，用量为36～300毫克/(头·天)。或者喂碳酸氢钠。③配合饲料中添加泰乐菌素，用量为8克/1000千克饲料。

十、黄曲霉毒素中毒

【致病原因】 各种用来喂牛的精饲料（如玉米、大麦、花生、小麦、麸皮、米糠等）含水量大于18%时，仓库温度较高，极易为黄曲霉菌感染，当育肥牛吃进被黄曲霉菌感染的饲料后即可发病。

【主要症状】 ①精神沉郁，对外界反应迟钝。②食欲、反刍减少或停止。③瘤胃鼓胀，贫血，消瘦。

【治疗方法】 ①用硫酸镁500～1000克或人工盐300克，加水溶解，一次灌服，连续3天。或用25%葡萄糖注射液500毫升、10%葡萄糖酸钙注射液500毫升，静脉注射；5%糖盐水1000毫升、20%安钠咖注射液10毫升、40%乌洛托品注射液50毫升、四环素250单位，静脉注射。②多喂青绿饲料、青贮饲料。

【预防措施】 ①精饲料的含水量降低至15%以下才进行贮存，并保持仓库通风良好。②定期检查。③用药物（甲醛）熏蒸仓库。④不用霉变饲料喂牛。

十一、霉稻草中毒

【致病原因】 水稻收割后，稻草未能晾干，又遇天阴雨多，一些真菌（镰刀菌）寄生于稻草中，引起稻草发霉、腐烂，同时产生毒素。较长时间饲喂霉变稻草，真菌产生的毒素易引起牛的慢性或急性中毒。

【主要症状】 ①耳尖、尾巴尖坏死、干硬，呈暗褐色，与健康组织界限分明，最后脱落。②蹄趾冠部、系部脱毛，有黄色液体渗出，继而皮肤出血、化脓、坏死、腐臭，久不愈合，蹄匣脱落。③蹄趾部有痛感，跛行明显。

【治疗方法】 ①患部处理：用0.1%高锰酸钾溶液、3%过氧化氢溶液、0.1%新洁尔灭溶液冲洗患部。然后涂布磺胺、抗生素（四环素、红霉素软膏），并用绷带包裹。②10%～25%葡萄糖注射液1000～1500毫升，5%维生素C注射液40～60毫升，5%碳酸氢钠溶液500毫升，一

次静脉注射，连用3天。③加强病牛护理，单独饲喂，饲喂优质牧草。④保持牛围栏干燥，铺垫草。

【预防措施】 收割的稻草应及时晾干。已晾干的稻草防雨防潮。发霉变质的稻草不喂牛。

十二、瓣胃阻塞（百叶干）

【致病原因】 ①长期饲喂稻草、麦秸和豆秸等难于消化而又富含粗纤维素的饲料。②较长时间饲喂米糠、麸皮（粉碎很细）。③饲料中含泥沙过多。

【主要症状】 ①空咀嚼、磨牙，食欲废绝。②排粪数量少而干、呈黑球状，粪的表面有白色黏液。

【治疗方法】 ①瓣胃注射。于右侧第九肋骨间和肩骨前端水平线交叉点，将针尖垂直刺入肋间肌肉后，斜向（对侧肘突）刺入6~12厘米，确认进入瓣胃后注射5%~8%硫酸钠溶液300~500毫升。②用硫酸钠500~800克、液状石蜡1000~1500毫升、鱼石脂20克，加水10000毫升，一次灌服。同时补充体液。用5%糖盐水1500~2000毫升、10%安钠咖注射液20毫升、40%乌洛托品注射液50毫升，一次静脉注射。③手术治疗。切开瘤胃或皱胃，取出瓣胃内的食物，再用生理盐水冲洗瓣胃。

【预防措施】 米糠、麸皮、玉米等精饲料不要粉碎过细；饲料中不要带泥沙。

十三、黑斑病红薯（柏树）中毒

【致病原因】 黑斑病红薯现已发现的毒素有红薯酮、红薯醇、红薯宁、4-薯醇等多种毒素，这些毒素耐高温，将红薯煮、蒸、烤和制酒发酵等处理，都不易破坏毒素。牛吃黑斑病红薯后常发生中毒。

【主要症状】 吃了黑斑病红薯后中毒的牛多为突然发作，气喘，精神不振，反刍停止，流涎，体温多数正常，少数在后期升高，可达40℃；肺区叩诊呈鼓音，听诊有湿啰音；重病牛肩前及背部皮下有气肿，按压有捻发音；急性重病牛后期呼吸高度困难，头颈伸直，张口伸舌喘气，可视黏膜发绀，肌肉发抖，粪干硬而常带血，最后痉挛而死。慢性病牛可拖延数天至1周。该病死亡率约为50%。

【治疗方法】 治疗时，主要在于排除毒物，解毒，缓解呼吸困难。

(1) 排除毒物，解毒 中毒早期可用氧化剂及泻剂。

1）内服1%高锰酸钾100～200毫升；用1%～2%双氧水（过氧化氢溶液）洗胃；用大量温水反复多次灌肠，排除有毒物质；静脉放血50～100毫升，然后输入糖盐水或生理盐水200～300毫升。

2）投服硫酸镁500～800克，使毒物尽快排出。1‰高锰酸钾溶液3000～5000毫升内服，也可用稀释50倍的双氧水（过氧化氢溶液）洗胃或灌肠，进行氧化解毒。静脉注射5%葡萄糖2000～3000毫升、维生素20毫升，以增强肾脏排泄和肝脏解毒功能。

3）20%～40%葡萄糖溶液100毫升，5%小苏打（碳酸氢钠）溶液100毫升，静脉注射。

4）复方氯化钠注射液或生理盐水250～500毫升，静脉注射，每天2～3次。

5）立即停喂黑斑病红薯，灌服0.1%高锰酸钾溶液2000～3000毫升，轻者可自愈。

6）用硫酸钠300～500克、人工盐70～100克加大量温水，一次投服。投服前先灌服1%硫酸铜溶液15～30毫升，使食道沟收缩，促使投入的泻剂直接进入第三胃，可以提高疗效。

7）中毒较深时，可先放血1～2升（根据体格大小及肥瘦不同决定），使毒物随血液排出，再选用下列处方：处方1：用生理盐水2000～3000毫升、20%安钠咖5～10毫升、5%碳酸氢钠100～200毫升，混合加温后，静脉滴注。处方2：皮下或静脉注射5%～10%硫代硫酸钠，每千克体重1～2毫升。处方3：用50%葡萄糖水500毫升、20%安钠咖10毫升，混合静脉注射。在注射本溶液后1.5～2小时，再大量补液疗效将更好。处方4：用5%葡萄糖生理盐水2000～2500毫升、0.5%抗坏血酸60～80毫升，混合静脉滴注，在注射方三后2小时再用本方，效果更好。处方5：用3%双氧水（过氧化氢溶液）40～100毫升，加入10%葡萄糖水500～1000毫升，缓慢静脉注射，每天1～2次，直至气喘及可视黏膜发绀消失或显著症状缓解后停药。

（2）缓解呼吸困难　静脉注射5%～10%次硫代硫酸钠溶液150～200毫升，加维生素C注射液（500毫克）。呼吸困难时，可以皮下输氧，进行抢救。

（3）中医疗法　①白矾、贝母、白芷、郁金、黄芩、大黄、葶苈子、甘草、石韦、黄连、龙胆各6～9克，蜂蜜30克水煎，调蜜灌服。②放血1000～3000毫升，以排出血中部分毒素（西医也放血）。③中医是以解毒定喘为治疗原则。可选择如下处方：处方1：黄连、大黄、黄芩、白矾、贝母、郁金、白芷、葶苈子、胆草、甘草各50克，上药研末或煎汤、开水冲之，候温加蜂蜜1200克为引，灌服，可连服2~4剂。处方2：大麦芽500克、生姜200克、黄酒250克，将大麦芽和生姜捣烂，加在热黄酒里混合后灌服。注意：病牛吃药后，不要饮冷水且暂时不要喂饲料。处方3：生萝卜5000克、红糖500克、生绿豆浆500克，将生萝卜捣烂取汁加淘米水1500克，然后再与红糖和生绿豆浆一起灌服。每12小时用一剂，连服2~3剂。处方4：银花200克、甘草100克、红糖500克、生油250克。银花、甘草、红糖混合在一起煮，灌服生油后，再将银花甘草红糖水灌服。

【预防措施】 ①在收获红薯时防止破碎，尽可能避免擦伤表皮；避免在高温高湿环境下贮存红薯；加强对红薯的保管和贮藏期的检查，防止发霉腐烂；用甲基布托津溶液浸泡种薯，可有效防治感染发病；把霉烂的红薯和育苗后的残余红薯妥善处理，禁用黑斑病红薯喂牛，霉烂的红薯应集中烧毁。②应选用无感染的种用红薯及采用其他消灭病菌的技术措施。妥善地保管好种薯。③清理苗床旁和地头的烂红薯，以防牛误食中毒。

十四、育肥牛寄生虫病

1. 体内寄生虫病

（1）肝片吸虫的驱除

1）硝氯酚（拜尔9015）。本药品有粉剂、片剂、针剂3种类型，前2种药品可以灌服，也可以混在饲料中。灌服药量按育肥牛每1000克体重给药3~4毫克；注射用药量为0.5~1毫克/千克体重。注射驱虫方便、准确性高。发生中毒时，注射葡萄糖液，或者把牛牵到阴凉处喷洒凉水。

2）四氯化碳。按每100千克体重注射3~5毫升（注射时用四氯化碳和等量的液状石蜡，混合均匀，分点在深部肌内注射）。发生中毒时，静脉注射5%氯化钙80~100毫升，一次注射。

（2）圆线虫的驱除 用左旋咪唑，每千克体重用药8毫克，溶于水中灌服。或者左旋咪唑用无菌生理盐水配制成5%注射液，肌内注射。

（3）绦虫的驱除 使用硫氯酚，每千克体重用药40~60毫克，混合在饲料中（混合均匀）饲喂。或者用灭绦灵（氯硝柳胺），每千克体

重用药 60 ~ 70 毫克，一次灌服。

（4）泰勒焦虫的驱除　注射贝尼尔（三氮脒），每千克体重用药 3.5 ~ 7 毫克，配制成 7% 注射液，肌内注射，连续 3 天。或者用阿卡普林，每千克体重用药 1 毫克，用生理盐水配制成 1% ~ 2% 注射液，皮下注射。或者用黄色素，每千克体重用药 3 ~ 4 毫克，用生理盐水配制成 0.5% ~ 1% 注射液，静脉注射。或者用二丙酸咪唑，预防时每千克体重用药 3 毫克，做皮下注射；治疗时，每千克体重用药 1.2 毫克。

（5）牛皮蝇蛆的驱除

1）倍硫磷。每千克体重用药 7 ~ 10 毫克，肌内注射。或者配制成 2% 注射液（体重 200 ~ 400 千克用药液 100 毫升，400 千克以上用药液 125 毫升）泼洒在牛的肩部至牛尾根部的皮肤上。遇到中毒时可用阿托品解毒。每年 9 月用药较好。

2）敌百虫。配制成 2% 溶液涂抹在牛的背部皮肤上。最好涂擦 3 ~ 5 分钟。25 ~ 30 天用药 1 次。或者配成 10% ~ 15% 敌百虫注射液，每千克体重 0.1 ~ 0.2 毫升，肌内注射。

3）灭蝇药。牛皮蝇蛆成虫的活动期为每年的 4 ~ 6 月，在此时期用灭蝇药喷洒在牛背部皮肤上，5 ~ 6 天喷洒 1 次。

2. 体外寄生虫病

（1）疥螨虫　防治疥螨虫可采用以下方法：

1）药浴或淋浴。用市场上新的杀螨药，配制成药液进行药浴或淋浴。

2）皮下注射。用伊维菌素注射液，每千克体重用药 200 微克。

（2）硬蜱虫　用 1% 敌百虫，喷洒或涂擦于牛体皮肤上。

3. 驱虫注意事项

1）新购买的架子牛进育肥场以后的 10 ~ 15 天均要进行驱虫。

2）驱虫前要准备好解毒药品。

3）在进行大群体驱虫时，应先进行小群体驱虫试验，成功后再进行大群牛驱虫，防止牛中毒。

4）驱虫后的 2 ~ 5 小时，必须有专人值班监察牛群，一旦发现中毒现象，应立即进行解毒处理。

5）正在驱虫的牛粪便，应堆积发酵处理后才能作为农家肥料。

第四节　患传染病牛的处理

育肥牛场发生牛传染性疾病，应按以下程序处理：

1）在育肥牛场兽医确认为传染病后，立刻隔离病牛、封锁病牛舍，指定专人负责护理。

2）以最快的速度向县（市）级动物防疫机构报告。

3）封锁疫区，封锁区的范围由县（市）级动物防疫机构划定。

4）封锁疫区的出入口必须设置检查站，安排专人值班。在封锁期内，严格控制人员、畜禽、车辆出入封锁区。

5）染病牛的处理。有治疗价值、能治疗的病牛进行治疗，不能治疗的病牛要用焚尸炉销毁。

6）封锁疫区的出入口务必设置消毒设施，必须出入的人员都要严格消毒。

7）封锁疫区的用具、围栏和场地必须严格消毒。

8）牛粪、牛尿液、垫草及其他确认已被污染的物品，必须在兽医人员的监督下进行无害化处理。

9）染疫牛的扑杀。①已确认为染疫牛，要用专用车运至染疫牛扑杀点。②采用不流血方法扑杀。③疫牛扑杀后进行无害化处理。

10）解除封锁。封锁的解除，要按以下程序实施：①疫区内或疫点内最后 1 头病牛被扑杀或痊愈后，经过所发病 1 个潜伏期以上的监测观察，未再发现病牛时。②封锁疫区经过清扫和严格消毒。③由县（市）级以上动物防疫机构检查合格后，报原来发布封锁令的政府。④由原来发布封锁令的政府发布解除疫区封锁令，并通报相邻地区和有关部门。⑤原来发布封锁令的政府写出总结报告，报上一级政府备案。

第十章 育肥牛的安全生产和环境保护

只有育肥牛在安全生产条件下才能实现肉牛的快速育肥。采用有效的安全措施是实现肉牛快速育肥目标的有力保证；营造和保护育肥牛的生态环境（不污染周边环境，也不被周边环境污染）才能获得安全、清洁的牛肉。

第一节 育肥牛的安全生产

一、架子牛的运输安全

架子牛的运输安全主要确保人畜安全：

1）行车安全。不开斗气车、不开英雄车、不开有毛病的车、不违章行车。

2）中速行车、礼让行车。

3）弯路减速。

4）驾驶人在行车中，注意力高度集中，不疲劳驾驶（连续开车4小时必须停车休息）。

5）经常进行行车安全教育。

6）行车途中不打手机、不接听手机、不玩手机。

二、饲养员的安全

育肥牛饲养的安全工作主要是饲养员的安全，饲养员进围栏打扫卫生时要防范牛顶人、踢人，尤其是野性较大的牛。

三、饲料加工安全

1）青贮饲料收割台前的安全（严禁收割台前站人）。

2）粗饲料加工粉碎时饲料入口处的安全（戴安全帽、穿工作服、严禁戴手套操作、严禁留长发、严禁用手硬推粗饲料入粉碎机）。

3）精饲料加工粉碎时饲料入口处的安全（戴安全帽、穿工作服、

严禁戴手套操作、严禁留长发）。

4）在电工的指导下使用（操作）机械。

5）经过培训后才能上岗操作。

四、防火安全

1）育肥牛场的防火工作应常年抓，在冬季特别要注意粗饲料的防火。

2）设防火标识，划定防火区。

3）防火区内严禁吸烟。

4）建设防火水池（依据养牛规模设计100～500米^{3}的防火水池）。

五、用电安全

1）电工凭证上岗，无证严禁操作。

2）制定用电操作规程。

3）有电危险点设防电击标识。

六、防盗防窃

1）加强夜间值班、巡逻。

2）出入口门道加锁防范。

3）加强对员工防盗防窃的教育。

第二节 育肥牛场的环境保护

一、育肥牛场的污染物

1. 育肥牛场的污染物来源

育肥牛场的污染物来源包括：牛粪、牛尿；生产、生活废水；机器运转的噪声；锅炉烟尘；粗饲料粉碎时的灰尘。

2. 污染物数量

1）牛粪、牛尿。每头育肥牛每天排泄的牛粪、牛尿量（平均数）共达15千克。

2）生产、生活废水。每人每天平均量约为10千克。

3）机器运转的噪声为90～100分贝。

4）锅炉烟尘。锅炉烟尘排放量约为0.1千克/小时，二氧化硫排放量约为0.35千克/小时，烟气排放量为605米^3/小时。

5）粗饲料粉碎时的灰尘。粉碎车间内的粉尘浓度大于10毫克/米^3，

排出车间外的粉尘浓度超过150毫克/米^3。

二、污染物（污染源）处理技术

1. 牛粪、牛尿的处理技术

从架子牛购进育肥牛场到育肥牛出栏这一阶段，每头育肥牛每天的牛粪排泄量平均按15千克计算，30天的排粪量为450千克，一个育肥期（180天）的排粪量为2700千克。某育肥牛场常年存栏牛3200头，该牛场育肥牛平均每天牛粪排泄量将达到48吨以上，全年的牛粪排泄量超过17500吨。如此数量的牛粪，处理得当可以变废为宝；处理不当，一方面将严重影响育肥牛的正常工作，另一方面将严重污染环境造成公害。因此，要十分重视牛粪、牛尿的收集和处理。

不同地区对牛粪的利用方法不一样，放牧地区牧民把牛粪用作做饭取暖的燃料；农区农户把牛粪腐熟发酵后用作农作物的肥料；燃料较少、能源欠缺的地区用牛粪生产沼气；水产养殖（鱼）户把牛粪腐熟发酵后用作鱼饲料；条件允许的地方、有投资眼光的企业家投资兴办牛粪加工厂，把牛粪加工成为花卉、城市草地、果树的肥料，加工成为生产无公害食品、绿色食品、有机农业食品的动物饲用饲料（玉米、大麦、黄豆、青贮饲料、干粗饲料等）的专用肥料；也有将牛粪处理后再用作牛饲料的。上述几种牛粪的加工方法，经济效益最好的当属牛粪加工厂。本节关于牛粪、牛尿的处理主要介绍利用牛粪制作干有机肥、有机复合肥，利用牛粪生产沼气。

牛粪的全氮、全磷、全钾的含量随着饲喂牛日粮营养水平的不同而有较大的差异，用配合饲料饲喂的高档（价）育肥牛排泄的牛粪的成分中，全氮、全磷、全钾的含量较饲养的普通牛高，更远远高于以粗饲料喂养的牛。牛粪、猪粪、鸡粪的成分见表10-1。

表10-1　牛粪、猪粪、鸡粪的成分

粪的类别	粗有机物（%）	全氮（%）	全磷（%）	全钾（%）
奶牛粪（烘干）	76.20	1.90	0.67	1.06
黄牛粪（烘干）	73.30	1.66	0.42	0.95
水牛粪（烘干）	70.50	1.56	0.42	0.89
牛粪（鲜）	14.95	0.38	0.01	0.23
猪粪（精料型）	13.50	0.66	0.22	0.35

（续）

粪的类别	粗有机物（%）	全氮（%）	全磷（%）	全钾（%）
猪粪（粗料型）	17.50	0.60	0.18	0.34
鸡粪（绝干）	49.50	2.34	0.93	1.61
鸡粪（自然状态）	23.77	1.03	0.41	0.72
配合饲料	69.10	3.64	2.14	2.41

牛粪的加工利用方法有多种：

（1）制作干有机肥　牛粪制作的干有机肥具有易保存、体积小、运输方便，适合各种农作物、花卉、果树等特点。用牛粪制作干有机肥的过程包括牛粪的收集、加工、脱水、包装等环节。

1）不同类别牛场的牛粪收集。

① 无天棚露天育肥牛场：根据无天棚露天育肥牛场饲养牛体重的大小和饲养期的长短，牛粪收集可分为：

第一，饲养体重为400千克的架子牛，饲养期为2个月，因此2个月清理牛粪1次，肉牛出栏的当天使用清理牛粪的机械清除牛粪，牛粪运至牛粪贮存场。

第二，饲养体重为350千克的架子牛，饲养期为3个月，每45天清理牛粪1次，使用清理牛粪的机械清除，牛粪运至牛粪贮存场。

第三，饲养体重为300千克的架子牛，饲养期为6个月，每2个月清除牛粪1次，使用清理牛粪的机械清除，牛粪运至牛粪贮存场。

② 有天棚舍饲敞开牛舍：采用人工清除牛舍牛粪，每天1次或2次，运输牛粪的小车置于围栏内，将牛粪装入小车，再运往牛粪贮存场。

③ 有天棚舍饲封闭牛舍：采用人工清除牛舍牛粪，每天1次或2次，运输牛粪的小车置于围栏内，将牛粪装入小车或将牛粪由窗口清出再运往牛粪贮存场。

2）牛粪的收集方法。

① 鲜牛粪收集法：采用人工把鲜牛粪收集，运送到堆置牛粪的场地。

② 高压水冲洗法：用高压水将牛粪冲刷到沉淀池后再利用。

3）干有机肥生产工艺流程如图10-1所示。

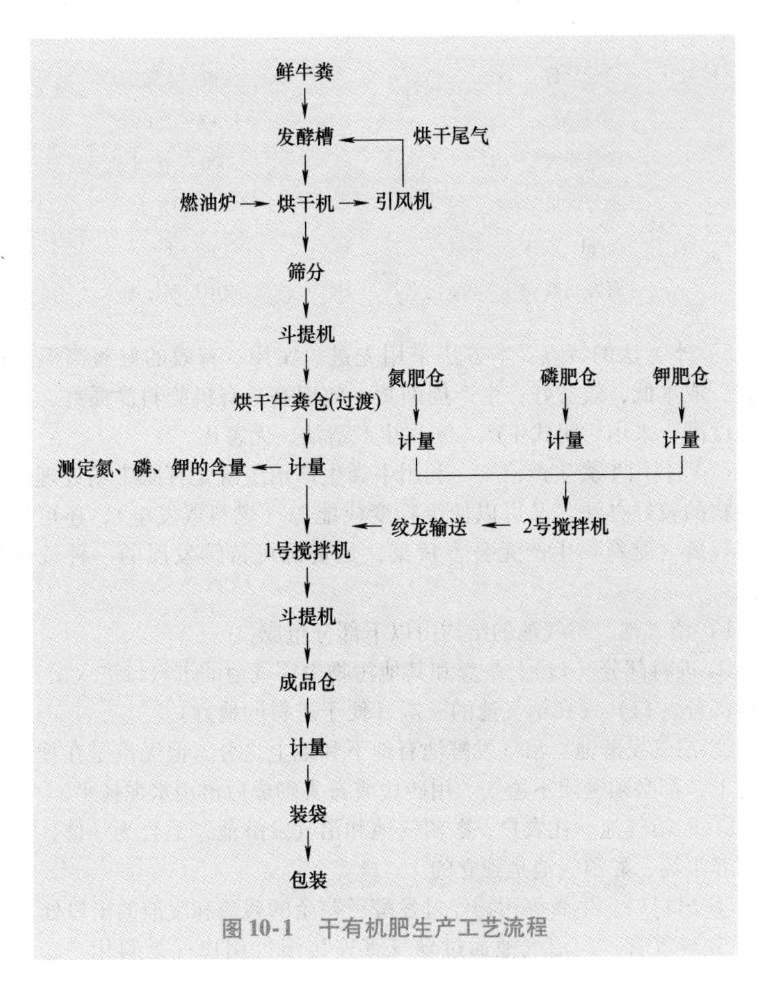

图 10-1　干有机肥生产工艺流程

4）有机肥料质量标准见表 10-2。

表 10-2　有机肥料质量标准

项　　目	指　　标
有机质含量（OM）	≥60%
氮、磷、钾总量	≥3%
全氮（N）	1.5%～2.3%
氧化钾	1.1%～3.0%

（续）

项　目	指　标
全磷酐	1.9% ~3.0%
微量元素	≥2000 毫克/千克
水分含量	≤20%
pH	7 ~8
有害元素	农用控制标准

5）本方法的特点：本方法采用先进、实用、有效的好氧高温发酵工艺，成本低，效益好；生产周期短，效率高；有机肥料品质好，商品化程度高；采用封闭式生产，实现生产清洁、无害化。

（2）利用牛粪生产沼气　利用牛粪生产沼气既是育肥牛场处理牛粪等污物的较好办法，又可以使废物变成能源（燃料或发电），还可以利用沼气渣（肥料）生产无公害蔬菜，是资源可持续发展的一种较好的形式。

1）沼气池。沼气池的结构由以下部分组成：

① 进料部分（口）。牛粪和其他污物由沼气池的进料口进入沼气池，进料部分（口）设在沼气池的一端（便于进料的地方）。

② 沼气发酵池。沼气发酵池有地下和地上之分，但无论是在地上还是地下，都必须密闭不透气。用砖块或石头砌成后再用水泥抹平。

③ 贮沼气池。在农户，贮沼气池和沼气发酵池二池合为一体；在规模饲养牛场，贮沼气池是独立的。

④ 出料口。牛粪等污物经过发酵后剩余的残渣和废液的出口处。

⑤ 导气管。贮沼气池通过导气管连接沼气用户（燃料用户、发电用户）。

2）沼气产生的条件。

① 沼气发酵池必须密闭不透气，池壁不透气，池顶部密封。

② 充足的有机物，以确保沼气菌等各种微生物正常生长发育和大量繁殖。

③ 除了要有充足的有机物，有机物中的碳氮元素比例要适当。在沼气池中的发酵物的碳氮比一般为 25:1 较好。

④ 沼气发酵池的温度。沼气菌生存的温度范围为 8 ~75℃；沼气菌生存最活跃温度为 35℃，发酵物发酵期可达 30 天，产沼气多而快；沼

气菌生存的温度降为15℃时，发酵物发酵期可达300天，产沼气少而慢。

⑤ 沼气发酵池的酸碱度。沼气发酵池的酸碱度以中性较好，过酸或过碱都会影响沼气的产生。pH在6.5～7.5时产气量最高。在实际工作中，可以用pH试纸测定，酸度较高时可用石灰水、草木灰中和。

3）沼气产生的过程。沼气产生的过程可以分为几个阶段。在有机物发酵的初期，沼气发酵池中的好氧微生物分解牛粪中的有机物，将多糖分解成为微生物能利用的单糖；当沼气发酵池中的氧气被好氧微生物耗尽后，厌氧微生物开始活动，将单糖分解为乙酸、二氧化碳、氢；微生物中的甲烷菌能将乙酸分解成甲烷和二氧化碳。

4）安全问题。沼气可以用作燃料，也能让人中毒身亡。因此要细心，尤其是农户使用简易沼气池。

5）参考资料（数据）。

① 每千克鲜牛粪能产沼气0.035～0.036米^3；每头育肥牛每天排放牛粪10千克时，能产出沼气0.35～0.36米^3。

② 1米^{3}沼气燃烧时的热值相当于1千克普通煤燃烧时的热值。

③ 1米^{3}沼气用于发电时能获得电1.5千瓦·时。

④ 使用1米^{3}的沼气发电（1.5千瓦·时）的成本为0.23～0.25元，比使用电网电（1.5千瓦·时）费用少0.3～0.4元。

⑤ 常年饲养育肥牛10000头，采用沼气发电时，产气、供气、污水处理设备及安装、运行的总投资约600万元。

⑥ 常年饲养育肥牛10000头时，每年利用牛粪生产沼气为3500米^3/天×365天=1277500米^3。

⑦ 常年饲养育肥牛10000头，每年利用牛粪产生的沼气可以发电1916250千瓦·时，比使用电网电可节省67万元。

⑧ 常年饲养育肥牛10000头，利用牛粪产生的沼气发电，每年产值为［0.60元/(千瓦·时)］115万元；沼气渣用于无公害蔬菜、果树、花卉等，每年可提供18000吨，产值36万元（每立方米沼气渣的产值以20元计）。

⑨ 常年饲养育肥牛10000头时，一年的鲜牛粪的产值为73万元（每立方米鲜牛粪的产值以20元计）。

⑩ 牛粪的利用，要因地制宜。在长江以南，电力供应紧张、电费较高［0.8～1.1元/(千瓦·时)］、气候又适合沼气菌生长，利用牛粪生

产沼气发电，比牛粪用作肥料的经济效益要好；在煤炭资源丰富、有机肥需求量高、肥料价格较高的地区，利用牛粪生产有机复合肥，比利用牛粪生产沼气发电的经济效益要好。

2. 生产、生活废弃物处理技术

生产、生活废水流至沼气发酵池进行污水处理、沉淀、净化、消毒，工艺流程如下：污水→隔栅→收集池（和牛尿合用）→沉淀池→脱氮（氧化）→消毒池→贮存池→回收再使用。污水排放标准见表10-3。

表10-3 污水排放标准

名　　称	排放标准
化学需氧量（COD）	500毫克/升
生物需氧量（BOD）	300毫克/升
悬浮物（SS）	400毫克/升
色度	—
pH	6~9

3. 噪声处理技术

（1）锅炉降噪措施

1）鼓风机和引风机采用消声器和隔音筒等降低噪声的装置。

2）消声器和隔音筒与风机、管道连接处采用密封垫，以减少机器振动的传递，降低噪声。

3）引风机、电机、鼓风机等设备安装减振设备。

4）引风机、鼓风机设置在噪声隔离的机房内。

（2）粉碎机降噪措施

1）粉碎机设置在噪声隔离的机房内。

2）采用复合阻音钢板制作溜管。

经过处理后，噪声小于85分贝。

4. 锅炉降烟处理

1）锅炉烟囱要有一定的高度。烟囱的高度要根据当地的风速、烟尘的浓度、周边建筑物的高度等综合考虑。烟囱的高度一般为15~25米。

2）锅炉安置脱硫除尘设备，除尘率大于95%，脱硫效率达80%~90%，脱氮效率大于18.2%。

5. 粗饲料粉碎时的灰尘处理

设置除尘风网，在饲料提升输送口、卸料口、粉碎机粉碎处、成品

包装处设置吸尘口，使粉尘经风管吸入脉冲布袋除尘器，除尘率可达99%。粉碎车间内的粉尘浓度小于10毫克/米^3，排出车间外粉尘的浓度小于150毫克/米^3。

三、育肥牛场的环境

要获得肉牛的快速育肥效果，育肥牛场的环境应达到要求。

1. 育肥牛场的环境要求

环境优美、安全、安静，并且清洁卫生，如图10-2所示。

2. 育肥牛场的温度要求（有一个高温临界温度和低温临界温度）

育肥牛最适宜的外界温度是7～27℃，在此温度范围内，育肥牛的采食量、增重速度都处在较高状态，体质健壮。育肥牛对高温的耐受能力远不如对低温的耐受能力。因此，在夏季育肥时要特别注意防暑。

在高于27℃的环境下，育肥牛的采食量减少，增重减缓。如果在夏季育肥，在设计饲料配方和增重目标时以中等标准（日增重700～800克）为好。

在低于7℃的环境下，育肥牛的采食量因白天时间短而减少，在寒冷季节又要用一定的饲料量产热以抵御寒冷，增加了饲料的消耗量。低温影响了牛的增重速度，如果在冬季育肥，在设计饲料配方时应提高营养标准3%～5%，增重目标以中等标准（日增重700～800克）为好。

人工营造适合育肥牛生长的环境温度条件，对提高育肥牛的增重有利，尤其是地处夏季高温的地区和地处冬季低温的地区，应该注意防暑、防寒。

图10-2 育肥牛场环境优美

第十章

附　录

附录 A　肉牛饲养标准（摘录）

表 A-1　生长育肥牛每天的营养需要量

LBW 活重 /千克	ADG 日增重 /千克	DMI 干物质 /(千克/天)	NEm 维持净能 /(兆焦/天)	NEg 增重净能 /(兆焦/天)	RND 肉牛能量单位 /(个/天)	NEmf 综合净能 /(兆焦/天)	CP 粗蛋白质 /(克/天)	IDCPm 维持小肠可消化粗蛋白质 /(克/天)	IDCPg 增重小肠可消化粗蛋白质 /(克/天)	IDCP 小肠可消化粗蛋白质总量 /(克/天)	钙 /(克/天)	磷 /(克/天)
150	0	2.66	13.8	0	1.46	11.76	236	158	0	158	5	5
	0.3	3.29	13.8	1.24	1.87	15.1	377	158	103	261	14	8
	0.4	3.49	13.8	1.71	1.97	15.9	421	158	136	294	17	9
	0.5	3.7	13.8	2.22	2.07	16.74	465	158	169	328	19	10
	0.6	3.91	13.8	2.76	2.19	17.66	507	158	202	360	22	11
	0.7	4.12	13.8	3.34	2.3	18.58	548	158	235	393	25	12
	0.8	4.33	13.8	3.97	2.45	19.75	589	158	267	425	28	13
	0.9	4.54	13.8	4.64	2.61	21.05	627	158	298	457	31	14
	1	4.75	13.8	5.38	2.8	22.64	665	158	329	487	34	15

150	1.1	4.95	13.8	6.18	3.02	24.35	704	158	360	518	37	16
	1.2	5.16	13.8	7.06	3.25	26.28	739	158	389	547	40	16
175	0	2.98	15.49	0	1.63	13.18	265	178	0	178	6	6
	0.3	3.63	15.49	1.45	2.09	16.9	403	178	104	281	14	9
	0.4	3.85	15.49	2	2.2	17.78	447	178	138	315	17	9
	0.5	4.07	15.49	2.59	2.32	18.7	489	178	171	349	20	10
	0.6	4.29	15.49	3.22	2.44	19.71	530	178	204	382	23	11
	0.7	4.51	15.49	3.89	2.53	20.75	571	178	237	414	26	12
	0.8	4.72	15.49	4.63	2.79	22.05	609	178	269	446	28	13
	0.9	4.94	15.49	5.42	2.91	23.47	650	178	300	478	31	14
	1	5.16	15.49	6.28	3.12	25.23	686	178	331	508	34	15
	1.1	5.38	15.49	7.22	3.37	27.2	724	178	361	538	37	16
	1.2	5.59	15.49	8.24	3.63	29.29	759	178	390	567	40	17
200	0	3	17.12	0	1.8	14.56	293	196	0	196	7	7
	0.3	3.98	17.12	1.66	2.32	18.7	428	196	105	301	15	9
	0.4	4.21	17.12	2.28	2.43	19.62	472	196	139	336	17	10
	0.5	4.44	17.12	2.95	2.56	20.67	514	196	173	369	20	11
	0.6	4.66	17.12	3.67	2.69	21.76	555	196	206	403	23	12
	0.7	4.89	17.12	4.45	2.83	22.47	593	196	239	435	26	13
	0.8	5.12	17.12	5.29	3.01	24.31	631	196	271	467	29	14

（续）

LBW 活重/千克	ADG 日增重/千克	DMI 干物质/(千克/天)	NEm 维持净能/(兆焦/天)	NEg 增重净能/(兆焦/天)	RND 肉牛能量单位/(个/天)	NEmf 综合净能/(兆焦/天)	CP 粗蛋白质/(克/天)	IDCPm 维持小肠可消化粗蛋白质/(克/天)	IDCPg 增重小肠可消化粗蛋白质/(克/天)	IDCP 小肠可消化粗蛋白质总量/(克/天)	钙/(克/天)	磷/(克/天)
200	0.9	5.34	17.12	6.19	3.21	25.9	669	196	302	499	31	15
	1	5.57	17.12	7.17	3.45	27.82	708	196	333	529	34	16
	1.1	5.8	17.12	8.25	3.71	29.96	743	196	362	558	37	17
	1.2	6.03	17.12	9.42	4	32.3	778	196	391	587	40	17
225	0	3.6	18.71	0	1.87	15.1	320	214	0	214	7	7
	0.3	4.31	18.71	1.86	2.56	20.71	452	214	107	321	15	10
	0.4	4.55	18.71	2.57	2.69	21.76	494	214	141	356	18	11
	0.5	4.78	18.71	3.32	2.83	22.89	535	214	175	390	20	12
	0.6	5.02	18.71	4.13	2.98	24.1	576	214	209	423	23	13
	0.7	5.26	18.71	5.01	3.14	25.36	614	214	241	456	26	14
	0.8	5.49	18.71	5.95	3.33	26.9	652	214	273	488	29	14
	0.9	5.73	18.71	6.97	3.55	28.66	691	214	304	519	31	15
	1	5.96	18.71	8.07	3.81	30.79	726	214	335	549	34	16
	1.1	6.2	18.71	9.28	4.1	33.1	761	214	364	578	37	17
	1.2	6.44	18.71	10.59	4.42	35.69	796	214	391	606	39	18

250	0	3.9	20.24	0	2.2	17.78	346	232	0	232	8	8
	0.3	4.64	20.24	2.07	2.81	22.72	475	232	108	340	16	11
	0.4	4.88	20.24	2.85	2.95	23.85	517	232	143	375	18	12
	0.5	5.13	20.24	3.69	3.11	25.1	558	232	177	409	21	12
	0.6	5.37	20.24	4.59	3.27	26.44	599	232	211	443	23	13
	0.7	5.62	20.24	5.56	3.45	27.82	637	232	244	476	26	14
	0.8	5.87	20.24	6.61	3.65	29.5	672	232	276	508	29	15
	0.9	6.11	20.24	7.74	3.89	31.38	711	232	307	539	31	16
	1	6.36	20.24	8.97	4.18	33.72	746	232	337	569	34	17
	1.1	6.6	20.24	10.31	4.49	36.28	781	232	365	597	36	18
	1.2	6.85	20.24	11.77	4.84	39.06	814	232	392	624	39	18
275	0	4.19	21.74	0	2.4	19.37	372	249	0	249	9	9
	0.3	4.96	21.74	2.28	3.07	24.77	501	249	110	359	16	12
	0.4	5.21	21.74	3.14	3.22	25.98	543	249	145	394	19	12
	0.5	5.47	21.74	4.06	3.39	27.36	581	249	180	429	21	13
	0.6	5.72	21.74	5.05	3.57	28.79	619	249	214	463	24	14
	0.7	5.98	21.74	6.12	3.75	30.29	657	249	247	496	26	15
	0.8	6.23	21.74	7.27	3.98	32.13	696	249	278	528	29	16
	0.9	6.49	21.74	8.51	4.23	34.18	731	249	309	558	31	16

（续）

LBW 活重/千克	ADG 日增重/千克	DMI 干物质/(千克/天)	NEm 维持净能/(兆焦/天)	NEg 增重净能/(兆焦/天)	RND 肉牛能量单位/(个/天)	NEmf 综合净能/(兆焦/天)	CP 粗蛋白质/(克/天)	IDCPm 维持小肠可消化粗蛋白质/(克/天)	IDCPg 增重小肠可消化粗蛋白质/(克/天)	IDCP 小肠可消化粗蛋白质总量/(克/天)	钙/(克/天)	磷/(克/天)
	1	6. 74	21. 74	9. 86	4. 55	36. 74	766	249	339	588	34	17
275	1. 1	7	21. 74	11. 34	4. 89	39. 5	798	249	367	616	36	18
	1. 2	7. 25	21. 74	12. 95	5. 6	42. 51	834	249	393	642	39	19
	0	4. 46	23. 21	0	2. 6	21	397	266	0	266	10	10
	0. 3	5. 26	23. 21	2. 48	3. 32	26. 78	523	266	112	378	17	12
	0. 4	5. 53	23. 21	3. 42	3. 48	28. 12	565	266	147	413	19	13
	0. 5	5. 79	23. 21	4. 43	3. 66	29. 58	603	266	182	448	21	14
	0. 6	6. 06	23. 21	5. 51	3. 86	31. 13	641	266	216	482	24	15
300	0. 7	6. 32	23. 21	6. 67	4. 06	32. 76	679	266	249	515	26	15
	0. 8	6. 58	23. 21	7. 93	4. 31	34. 77	715	266	281	547	29	16
	0. 9	6. 85	23. 21	9. 29	4. 58	36. 99	750	266	312	578	31	17
	1	7. 11	23. 21	10. 76	4. 92	39. 71	785	266	341	607	34	18
	1. 1	7. 38	23. 21	12. 37	5. 29	42. 68	818	266	369	635	36	19
	1. 2	7. 64	23. 21	14. 12	5. 69	45. 98	850	266	394	660	38	19

325	0	4.75	24.65	0	2.78	22.43	421	282	0	282	11	11
	0.3	5.57	24.65	2.69	3.54	28.58	547	282	114	396	17	13
	0.4	5.84	24.65	3.71	3.72	30.04	586	282	150	432	19	14
	0.5	6.12	24.65	4.8	3.91	31.59	624	282	185	468	22	14
	0.6	6.39	24.65	5.97	4.12	33.26	662	282	219	502	24	15
	0.7	6.66	24.65	7.23	4.36	35.02	700	282	253	535	26	16
	0.8	6.94	24.65	8.59	4.6	37.15	736	282	284	567	29	17
	0.9	7.21	24.65	10.06	4.9	39.54	771	282	315	597	31	18
	1	7.49	24.65	11.66	5.25	42.43	803	282	344	626	33	18
	1.1	7.76	24.65	13.4	5.65	45.61	839	282	371	653	36	19
	1.2	8.03	24.65	15.3	6.08	49.12	868	282	395	678	38	20
350	0	5.02	26.06	0	2.95	23.85	445	299	0	299	12	12
	0.3	5.87	26.06	2.9	3.76	30.38	569	299	122	421	18	14
	0.4	6.15	26.06	3.99	3.95	31.92	607	299	161	459	20	14
	0.5	6.43	26.06	5.17	4.16	33.6	645	299	199	497	22	15
	0.6	6.72	26.06	6.43	4.38	35.4	683	299	235	534	24	16
	0.7	7	26.06	7.79	4.61	37.24	719	299	270	569	27	17
	0.8	7.28	26.06	9.25	4.89	39.5	757	299	304	602	29	17

（续）

LBW 活重 /千克	ADG 日增重 /千克	DMI 干物质 /（千克/天）	NEm 维持净能 /（兆焦/天）	NEg 增重净能 /（兆焦/天）	RND 肉牛能量单位 /（个/天）	NEmf 综合净能 /（兆焦/天）	CP 粗蛋白质 /（克/天）	IDCPm 维持小肠可消化粗蛋白质 /（克/天）	IDCPg 增重小肠可消化粗蛋白质 /（克/天）	IDCP 小肠可消化粗蛋白质总量 /（克/天）	钙 /（克/天）	磷 /（克/天）
350	0.9	7.57	26.06	10.83	5.21	42.05	789	299	336	634	31	18
	1	7.85	26.06	12.55	5.59	45.15	824	299	365	664	33	19
	1.1	8.13	26.06	14.43	6.01	48.53	857	299	393	692	36	20
	1.2	8.41	26.06	16.48	6.47	52.26	889	299	418	717	38	20
375	0	5.28	27.44	0	3.13	25.27	469	314	0	314	12	12
	0.3	6.16	27.44	3.1	3.99	32.22	593	314	119	433	18	14
	0.4	6.45	27.44	4.28	4.19	33.85	631	314	157	471	20	15
	0.5	6.74	27.44	5.54	4.41	35.61	669	314	193	508	22	16
	0.6	7.03	27.44	6.89	4.65	37.53	704	314	228	543	25	17
	0.7	7.32	27.44	8.34	4.89	39.5	743	314	262	577	27	17
	0.8	7.62	27.44	9.91	5.19	41.88	778	314	294	609	29	18
	0.9	7.91	27.44	11.61	5.52	44.6	810	314	324	639	31	19
	1	8.2	27.44	13.45	5.93	47.87	845	314	353	667	33	19
	1.1	8.49	27.44	15.46	6.26	50.54	878	314	378	693	35	20
	1.2	8.79	27.44	17.65	6.75	54.48	907	314	402	716	38	20

	0	5.55	28.8	0	3.31	26.74	492	330	0	330	13	13
	0.3	6.45	28.8	3.31	4.22	34.06	613	330	116	446	19	15
	0.4	6.76	28.8	4.56	4.43	35.77	651	330	153	483	21	16
	0.5	7.06	28.8	5.91	4.66	37.66	689	330	188	518	23	17
	0.6	7.36	28.8	7.35	4.91	39.66	727	330	222	552	25	17
400	0.7	7.66	28.8	8.9	5.17	41.76	763	330	254	584	27	18
	0.8	7.96	28.8	10.57	5.49	44.31	798	330	285	615	29	19
	0.9	8.26	28.8	12.38	5.64	47.15	830	330	313	643	31	19
	1	8.56	28.8	14.35	6.27	50.63	866	330	340	670	33	20
	1.1	8.87	28.8	16.49	6.74	54.43	895	330	364	694	35	21
	1.2	9.17	28.8	18.83	7.26	58.66	927	330	385	715	37	21
	0	5.8	30.14	0	3.48	28.08	515	345	0	345	14	14
	0.3	6.73	30.14	3.52	4.43	35.77	636	345	113	459	19	16
	0.4	7.04	30.14	4.85	4.65	37.57	674	345	149	494	21	17
	0.5	7.35	30.14	6.28	4.9	39.54	712	345	183	528	23	17
425	0.6	7.66	30.14	7.81	5.16	41.67	747	345	215	561	25	18
	0.7	7.97	30.14	9.45	5.44	43.89	783	345	246	592	27	18
	0.8	8.29	30.14	11.23	5.77	46.57	818	345	275	621	29	19
	0.9	8.6	30.14	13.15	6.14	49.58	850	345	302	648	31	20
	1	8.91	30.14	15.24	6.59	53.22	886	345	327	672	33	20

（续）

LBW 活重 /千克	ADG 日增重 /千克	DMI 干物质 /(千克/天)	NEm 维持净能 /(兆焦/天)	NEg 增重净能 /(兆焦/天)	RND 肉牛能量单位 /(个/天)	NEmf 综合净能 /(兆焦/天)	CP 粗蛋白质 /(克/天)	IDCPm 维持小肠可消化粗蛋白质 /(克/天)	IDCPg 增重小肠可消化粗蛋白质 /(克/天)	IDCP 小肠可消化粗蛋白质总量 /(克/天)	钙 /(克/天)	磷 /(克/天)
425	1. 1	9. 22	30. 14	17. 52	7. 09	57. 24	918	345	349	694	35	21
	1. 2	9. 53	30. 14	20. 01	7. 64	61. 67	947	345	368	713	37	22
450	0	6. 06	31. 46	0	3. 63	29. 33	538	361	0	360	15	15
	0. 3	7. 02	31. 46	3. 72	4. 63	37. 41	659	361	110	470	20	17
	0. 4	7. 34	31. 46	5. 14	4. 87	39. 33	697	361	145	505	21	17
	0. 5	7. 66	31. 46	6. 65	5. 12	41. 38	732	361	177	538	23	18
	0. 6	7. 98	31. 46	8. 27	5. 4	43. 6	770	361	209	569	25	19
	0. 7	8. 3	31. 46	10. 01	5. 69	45. 94	806	361	238	599	27	19
	0. 8	8. 62	31. 46	11. 89	6. 03	48. 74	841	361	266	626	29	20
	0. 9	8. 94	31. 46	13. 93	6. 43	51. 92	873	361	291	652	31	20
	1	9. 26	31. 46	16. 14	6. 9	55. 77	906	361	314	675	33	21
	1. 1	9. 58	31. 46	18. 55	7. 42	59. 96	938	361	334	695	35	22
	1. 2	9. 9	31. 46	21. 18	8	64. 6	967	361	351	712	37	22
475	0	6. 31	32. 76	0	3. 79	30. 63	560	375	0	375	16	16
	0. 3	7. 3	32. 76	3. 93	4. 84	39. 08	681	375	107	483	20	17

	0.4	7.63	32.76	5.42	5.09	41.09	719	375	140	516	22	18
	0.5	7.96	32.76	7.01	5.35	43.26	754	375	172	548	24	19
	0.6	8.29	32.76	8.73	5.64	45.61	789	375	202	578	25	19
	0.7	8.61	32.76	10.57	5.94	48.03	825	375	230	606	27	20
475	0.8	8.94	32.76	12.55	6.31	51	860	375	257	632	29	20
	0.9	9.27	32.76	14.7	6.72	54.31	892	375	280	656	31	21
	1	9.6	32.76	17.04	7.22	58.32	928	375	301	677	33	21
	1.1	9.93	32.76	19.58	7.77	62.76	957	375	320	695	35	22
	1.2	10.26	32.76	22.36	8.37	67.61	989	375	334	710	36	23
	0	6.56	34.05	0	3.95	31.92	582	390	0	390	16	16
	0.3	7.58	34.05	4.14	5.04	40.71	700	390	104	494	21	18
	0.4	7.91	34.05	5.71	5.3	42.84	738	390	136	526	22	19
	0.5	8.25	34.05	7.38	5.58	45.1	776	390	167	557	24	19
	0.6	8.59	34.05	9.18	5.88	47.53	811	390	196	586	26	20
500	0.7	8.93	34.05	11.12	6.2	50.08	847	390	222	613	27	20
	0.8	9.27	34.05	13.21	6.58	53.18	882	390	247	637	29	21
	0.9	9.61	34.05	15.48	7.01	56.65	912	390	269	659	31	21
	1	9.94	34.05	17.93	7.53	60.88	947	390	289	679	33	22
	1.1	10.28	34.05	20.61	8.1	65.48	979	390	305	695	34	23
	1.2	10.62	34.05	23.54	8.73	70.54	1011	390	318	708	36	23

表 A-2　肉牛对日粮微量矿物质元素的需要量

微量元素	单位	需要量（以日粮干物质计）			最大耐受量
		生长和育肥牛	妊娠母牛	泌乳早期母牛	
钴（Co）	毫克/千克	0.1	0.1	0.1	10
铜（Cu）	毫克/千克	10	10	10	100
碘（I）	毫克/千克	0.5	0.5	0.5	50
铁（Fe）	毫克/千克	50	50	50	1000
锰（Mn）	毫克/千克	20	40	40	1000
硒（Se）	毫克/千克	0.1	0.1	0.1	2
锌（Zn）	毫克/千克	30	30	30	500

附录 B　肉牛常用饲料成分与营养价值表

表 B-1　青绿饲料类饲料成分与营养价值表

编码	饲料名称	样品说明	干物质（%）	粗蛋白质（%）	粗纤维（%）	钙（%）	磷（%）	综合净能/(兆焦/千克)	肉牛能量单位/(个/千克)
2-01-610	大麦青割	北京，5月上旬	15.7	2.0	4.7	—	—	0.86	0.11
2-01-072	甘薯藤	11省，15样品均值	13	2.1	2.5	0.2	0.05	0.63	0.08
2-01-632	黑麦草	北京，意大利黑麦草	18	3.3	4.2	0.13	0.05	1.11	0.14
2-01-645	苜蓿	北京，盛花期	26.2	3.8	9.4	0.34	0.01	1.02	0.13
2-01-655	沙打旺	北京	14.9	3.5	2.3	0.20	0.05	0.85	0.1
2-01-679	野青草	黑龙江	18.9	3.2	5.7	0.24	0.03	0.93	0.12

表 B-2　青贮饲料类饲料成分与营养价值表

编码	饲料名称	样品说明	干物质（%）	粗蛋白质（%）	粗纤维（%）	钙（%）	磷（%）	综合净能/（兆焦/千克）	肉牛能量单位/（个/千克）
3－03－605	玉米青贮	4 省市，5 样品均值	22.7	1.6	6.9	0.1	0.06	1.0	0.12
3－03－025	玉米青贮	吉林，黄秸秆	25	1.4	8.7	0.10	0.02	0.61	0.08
3－03－601	冬大麦青贮	北京，7 样品	22.2	2.6	6.6	0.05	0.03	1.18	0.15
3－03－005	苜蓿青贮	青海西宁，盛花期	33.7	5.3	12.8	0.5	0.1	1.32	0.16
3－03－021	甘薯蔓青贮	上海	18.3	1.7	4.5	—	—	0.64	0.08
3－03－021	甜菜叶青贮	吉林	37.5	4.6	7.4	0.39	0.1	2.14	0.26
3－03－011	胡萝卜叶青贮	青海西宁	19.7	3.1	5.7	0.35	0.03	0.95	0.12

表 B-3　块根、块茎、瓜果类饲料成分与营养价值表

编码	饲料名称	样品说明	干物质（%）	粗蛋白质（%）	粗纤维（%）	钙（%）	磷（%）	综合净能/（兆焦/千克）	肉牛能量单位/（个/千克）
4－04－601	甘薯	北京	24.6	1.1	0.8		0.07	2.07	0.26
4－04－200	甘薯	7 省市，8 样品均值	25	1.0	0.9	0.13	0.05	2.14	0.26
4－04－208	胡萝卜	12 省市，13 样品均值	12	1.1	1.2	0.15	0.09	1.05	0.13
4－04－211	马铃薯	10 省市，10 样品均值	22	1.6	0.7	0.02	0.03	1.82	0.23
4－04－213	甜菜	8 省市，9 样品均值	15	2.0	1.7	0.06	0.04	1.01	0.12
4－04－215	芜菁甘蓝	3 省市，5 样品均值	10	1.0	1.3	0.06	0.02	0.91	0.11

表 B-4　干草类饲料成分与营养价值表

编码	饲料名称	样品说明	干物质（%）	粗蛋白质（%）	粗纤维（%）	钙（%）	磷（%）	综合净能/(兆焦/千克)	肉牛能量单位/(个/千克)
1-05-645	羊草	黑龙江，4样品均值	91.6	7.4	29.4	0.37	0.18	3.7	0.46
1-05-622	苜蓿干草	北京，苏联苜蓿2号	92.4	16.8	29.5	1.95	0.28	4.51	0.56
1-05-625	苜蓿干草	北京，下等	88.7	11.6	43.3	1.24	0.39	3.13	0.39
1-05-646	野干草	北京，秋白草	85.2	6.8	27.5	0.41	0.31	3.43	0.42
1-05-617	碱草	内蒙古，结实期	91.7	7.4	41.3	—	—	2.37	0.29
1-05-606	大米草	江苏，整株	83.2	12.8	30.3	0.42	0.02	3.29	0.41
1-06-062	玉米秸	辽宁，3样品均值	90	5.9	24.9	—	—	2.53	0.31
1-06-622	小麦秸	新疆，墨西哥种	89.6	5.6	31.9	0.05	0.06	1.96	0.11
1-06-009	稻草	浙江，晚稻	89.4	2.5	24.1	0.07	0.05	1.92	0.24
1-06-615	谷草	黑龙江，2样品均值	90.7	4.5	32.6	0.34	0.03	2.71	0.34
1-06-100	甘薯蔓	7省市，31样品均值	88	8.1	28.5	1.55	0.11	3.28	0.41
1-06-617	花生蔓	山东，伏花生	91.3	11	29.6	2.46	0.04	4.31	0.53

表 B-5　糠麸类饲料成分与营养价值表

编码	饲料名称	样品说明	干物质（%）	粗蛋白质（%）	粗纤维（%）	钙（%）	磷（%）	综合净能/(兆焦/千克)	肉牛能量单位/(个/千克)
4－08－078	小麦麸	全国，115样品均值	88.6	14.4	9.2	0.18	0.78	5.86	0.73
4－08－094	玉米皮	北京	87.9	10.1	13.8	0.28	0.35	4.59	0.57
4－08－030	米糠	4省市，13样品均值	90.2	12.1	9.2	0.14	1.04	7.22	0.89
4－08－603	黄面粉	北京，土面粉	87.2	9.5	1.3	0.08	0.44	8.08	1.0
4－08－001	大豆皮	北京	91	18.8	25.1		0.35	5.4	0.67

表 B-6　谷实类饲料成分与营养价值表

编码	饲料名称	样品说明	干物质（%）	粗蛋白质（%）	粗纤维（%）	钙（%）	磷（%）	综合净能/(兆焦/千克)	肉牛能量单位/(个/千克)
4－07－263	玉米	23省市，120样品均值	88.4	8.6	2.0	0.08	0.21	8.06	1.0
4－07－104	高粱	17省市，38样品均值	89.3	8.7	2.2	0.09	0.28	7.08	0.88
4－07－022	大麦	20省市，49样品均值	88.8	10.8	4.7	0.12	0.29	7.19	0.89
4－07－074	稻谷	9省市，34样品均值	90.6	8.3	8.5	0.13	0.28	6.98	0.86
4－07－188	燕麦	11省市，17样品均值	90.3	11.6	8.9	0.15	0.33	6.95	0.86
4－07－164	小麦	15省市，28样品均值	91.8	12.1	2.4	0.11	0.36	8.29	1.03

表 B-7 饼粕类饲料成分与营养价值表

编码	饲料名称	样品说明	干物质（%）	粗蛋白质（%）	粗纤维（%）	钙（%）	磷（%）	综合净能/(兆焦/千克)	肉牛能量单位/(个/千克)
5-10-043	豆饼	13省市机榨，42样品均值	90.6	43	5.7	0.32	0.5	7.41	0.92
5-10-022	菜籽饼	13省市机榨，21样品均值	92.2	36.4	10.7	0.73	0.95	6.77	0.84
5-10-062	胡麻饼	8省市机榨，11样品均值	92	33.1	9.8	0.58	0.77	7.01	0.87
5-10-075	花生饼	9省市机榨，34样品均值	89.9	46.4	5.8	0.24	0.52	7.41	0.92
5-10-612	棉籽饼	4省市机榨，6样品均值	89.6	32.5	10.7	0.27	0.81	6.62	0.82
5-10-110	向日葵饼	北京，去壳浸提	92.6	46.1	11.8	0.53	0.35	4.93	0.61

表 B-8 糟渣类饲料成分与营养价值表

编码	饲料名称	样品说明	干物质（%）	粗蛋白质（%）	粗纤维（%）	钙（%）	磷（%）	综合净能/(兆焦/千克)	肉牛能量单位/(个/千克)
5-11-103	酒糟	吉林，高粱酒糟	37.7	9.3	3.4	—	—	3.03	0.38
4-11-058	玉米粉渣	6省，7样品均值	15	2.8	1.4	0.02	0.02	1.33	0.16

（续）

编码	饲料名称	样品说明	干物质（%）	粗蛋白质（%）	粗纤维（%）	钙（%）	磷（%）	综合净能/（兆焦/千克）	肉牛能量单位/（个/千克）
5-11-607	啤酒糟	2省，3样品均值	23.4	6.8	3.9	0.09	0.18	1.38	0.17
1-11-609	甜菜渣	黑龙江	8.4	0.9	2.6	0.08	0.05	0.52	0.06
1-11-602	豆腐渣	2省，4样品均值	11	3.3	2.1	0.05	0.03	0.93	0.12
5-11-080	酱油渣	宁夏银川	24.3	7.1	3.3	0.11	0.03	1.73	0.21
4-11-092	酒渣	贵州，玉米酒渣	21	4	2.3	—	—	1.25	0.15

表 B-9　矿物质饲料类饲料成分与营养价值表

编　码	饲料名称	样品说明	干物质（%）	钙（%）	磷（%）
6-14-001	白云石	北京		21.16	0
6-14-002	蚌壳粉	东北	99.3	40.82	0
6-14-003	蚌壳粉	东北	99.8	46.46	—
6-14-004	蚌壳粉	安徽	85.7	23.51	—
6-14-006	贝壳粉	吉林榆树	98.9	32.93	0.03
6-14-007	贝壳粉	浙江舟山	98.6	34.76	0.02
6-14-016	蛋壳粉	四川	—	37	0.15
6-14-017	蛋壳粉	云南会泽，6.3%CP	96	25.99	0.1
6-14-030	牡蛎粉	北京	99.6	39.23	0.23
6-14-032	磷酸钙	北京，脱氟	—	27.96	14.38
6-14-034	磷酸氢钙	四川	风干	23.2	18.6
6-14-035	磷酸氢钙	云南，脱氟	99.8	21.85	8.64
6-14-037	马牙石	云南昆明	风干	38.38	0

（续）

编　码	饲料名称	样品说明	干物质（%）	钙（%）	磷（%）
6-14-038	石粉	河南南阳，白色	97.1	39.49	—
6-14-039	石粉	河南大理石，灰色	99.1	32.54	—
6-14-040	石粉	广东	风干	42.21	—
6-14-041	石粉	广东	风干	55.67	0.11
6-14-042	石粉	云南昆明	92.1	33.98	0
6-14-044	石灰石	吉林	99.7	32	—
6-14-045	石灰石	吉林九台	99.9	24.48	—
6-14-046	碳酸钙	浙江湖州	99.1	35.19	0.14
6-14-048	蟹壳粉	上海	89.9	23.33	1.59